仕事の速い人が
こっそり使っている

最強のWebアプリ活用術

田口 悠 著

日経BP

本書の前提

- 本書は2023年11月現在の情報をもとに、インターネットに接続されているパソコン環境を前提に紙面を制作しています。
- 本書の発行後に、本書で解説しているWebアプリの操作や画面が変更された場合、本書の掲載内容通りに操作できなくなる可能性があります。
- 本書についての最新情報、訂正、重要なお知らせについては下記Webページを開き、書名もしくはISBNで検索してください。ISBNで検索する際は-(ハイフン)を抜いて入力してください。
https://bookplus.nikkei.com/catalog/
- 本書の運用によって生じる直接的または間接的な損害について、著者ならびに弊社では一切の責任を負いかねます。
- 本書に記載されている会社名、製品名、サービス名などは、一般に各開発メーカーおよびサービス提供元の登録商標または商標です。なお、本文中では™、Ⓡなどのマークを省略しています。

はじめに

「日々の仕事を効率化したい」。働く人の多くが、一度は考える願望ではないでしょうか。

そう考えて周囲を見回したとき、ぱっと目につく、仕事の速いあの人。彼あるいは彼女は、他の人と同じ環境にいるにもかかわらず、なぜ仕事が速いのだろう? なにか秘密でもあるのだろうか? あるなら知りたいですよね。

ですが、仕事の速さは、元々の能力の差よりも、小さくて具体的な工夫の積み重ねが結果として現れたものです。その工夫のひとつに、本書で紹介するようなWebアプリを十二分に活用することも含まれます。

特定のサービスやアプリを紹介する書籍は数多くあります。しかし、流行のアプリだから、時代に遅れたくないから……といった理由でそれらの書籍を手に取っても、肝心の「自分事としてどう活用するか」は朧げなまま。何冊読んだところで、自分事にできなければ一切役に立ちません。

一方で、インターネットで検索すれば、具体的な活用事例はいくつも出てきます。しかし、どう検索すれば自分のほしい情報が出てくるか、すなわち検索に必要なキーワードそのものを検索することはできません。

本書では、そんなジレンマから一歩踏み出すための、等身大のWebアプリ活用術をお伝えします。

他の人の具体的な使い方から「こうすればよかったのか!」「それならこういう課題にも使えそう!」とひらめく、あるいは発見する。小さくて具体的な工夫につなげられるヒントを、数多く詰め込みました。

自分なりの活用方法を見つけるための鍵を手に入れて、自分やチームの仕事を有意義なものにしていく一助にしていただけると嬉しいです。

CONTENTS

第3章

高品位なデザインの資料を作りたいなら「Canva」

第4章

いいアイデアをたくさん出したいなら「Miro」

CONTENTS

第1章

Webアプリの基礎知識

PCにあらかじめインストールされているアプリ以外にも、世の中には便利で高機能なWebアプリが数多く存在します。業務を効率化・省力化して本来やるべきことに時間を割くために、まずはWebアプリについて学びましょう。

1 そもそもWebアプリって何？

Webアプリはブラウザ上で動作する高機能なアプリ

Webアプリとは、ユーザー登録とログイン操作が必要な、主にPCブラウザ上で動作するアプリケーションの総称です。

WindowsやMacなどの主要なPCには、最初からいくつかのアプリケーションがインストールされています。どのような種類のアプリケーションがインストールされているかは、PCの機種や購入プラン、会社で支給される場合は事前のセットアップ状況により異なるものの、最低限の設定を行えばすぐに業務を始められる状態になっているでしょう。

PCに最初からインストールされているアプリの一例

- 時計・タイマー
- メモアプリ
- カレンダー（リマインダー機能を含む）
- ふせんアプリ（Macだとスティッキーズ）
- Todoリスト
- 標準のチャットアプリ
- 画像編集アプリ（ペイントなど）
- Office関連のアプリ（Word、Excel、PowerPointなど）

しかし、最初からPCにインストールされているアプリケーション以外にも、便利なアプリは数多くあります。その中でも、便利で高機能、使い勝手のよいアプリが数多く存在するのがWebアプリというジャンルです。

本書では、そういった便利なWebアプリを複数紹介し、具体的な利用シーンを想定した活用事例をお伝えします。

Webアプリの特徴・他のアプリとの違い

Webアプリには、他のアプリとは明確な違いがいくつかあります。

まず、WebアプリはWebブラウザ上で動作するため、PCに特定のアプリをインストールする必要がありません。ふだん使うEdgeやSafari、Google ChromeやFirefoxなどのWebブラウザを使って、Webページの閲覧と同じようにWebアプリにアクセスし、画像の編集や文書作成などの機能を使用します。

その他にも、WebアプリとPCにインストールするアプリには、次のような違いがあります。以下の表では、便宜的にPCアプリと記載します。

表 WebアプリとPCアプリの比較

	Webアプリ	PCアプリ
アプリのインストール	基本不要	必要
費用の有無	無料で使える＋ 月額の有料プランあり	買い切り購入が多い
データの保存先	Webアプリ提供元で クラウド保存	PC本体に保存

1人で利用する範囲であれば、大半のWebアプリは基本機能を無料で使えます。追加機能やチーム単位での本格的な利用には、有料プランへのアップグレードが必要となるパターンが多いです。有料プランのみのWebアプリには、1週間～1か月の無料トライアル期間が設けられています。

また、Webアプリは提供元が用意したサーバー上にデータが保存されるため、PC本体にはデータがありません。そのため、PCが壊れた・修理に出した等の理由で使えなくなった際にも、Webアプリにログインさえすれば、別のPCのブラウザからデータを閲覧できます。

Webアプリの大半はブラウザでの利用を想定していますが、一部では、スマートフォンアプリやPCにインストールするアプリが並行して展開されています。これらのアプリは「ネイティブアプリ」と呼ばれ、各PCやスマートフォンでの操作に最適化されています。

ブラウザで利用しているアカウントでログインすれば、PCやスマートフォンにインストールしたネイティブアプリでも同期済みのデータを参照できます。

2 Webアプリは「便利な道具」として活用する

Webアプリは便利な文具と同じ

仕事や業務のジャンルによっては、必ずしもWebアプリを使う必要はないかもしれません。ドキュメント作成ツールはOfficeも十分に高機能ですし、タスク管理はPCに最初からインストールされているメモやふせんアプリでも満足します。画像の作成や編集は、極論ペイントソフトでも目的は果たせるでしょう。

しかし、ハサミやペンといった文具を自分に合うものに変えるように、**自分の働き方や仕事の進め方に合ったアプリを使えば、業務をぐっと効率化できる可能性があります**。

その際に、PCにあらかじめインストールされているアプリだけでなく、Webアプリを選択肢に入れる。それは、使える道具の選択肢を増やすことでもあるのです。

また、文具に多種多様な商品があるのと同じように、用途や目的、開発者の設計思想によって、同じジャンルでもさまざまなWebアプリが存在します。共通して必要な最低限の機能はあるものの、同じ種類のアプリでも細かい操作性や機能は異なります。

例えばタスク管理のアプリなら、どんな操作でタスクを完了させるのか、担当者情報を追加できるか、コメント機能はあるか、タスクの分類はどのように行うか、一覧表示はどんな見た目か……など。

万人が満足する道具が存在しないのと同じように、万人に合うWebアプリは存在しません。ですが、便利なアプリがあると知っておくのは決して無駄にはなりません。

Webアプリは万能薬ではなく、課題解決のツール

Webアプリは、あくまで便利な道具のひとつです。業務効率化が必ず実現する、あるいは個人やチームの課題が必ず解決するような、万能の特効薬ではありません。Webアプリ特有のデメリットやリスクもあります。

また、道具を使う人＝ユーザーによって、使い心地の実感も異なります。そのため、動画やSNS、ブログなどでよく紹介される人気のWebアプリが、必ずしも自分の使い方に合うとは限りません。一方、知名度が高くなくても「これは私の使い方に合っている！」と満足できるアプリもあるでしょう。

特定のWebアプリを使い始めて業務効率化を実現した事例は、アプリの効果もありますが、Webアプリを導入～活用するプロセスの中で、もともと抱えていた課題が解決した側面もあります。そのため、Webアプリを使い始めたらすべて解決できる！ と考えるのは、期待としてはやや過大です。

ツールや道具である以上、Webアプリの活用はあくまで手段のひとつです。もともとの目的は何だったのかを思い返し、手段と目的が逆転しないよう注意してください。

また、Webアプリとそれ以外のアプリは、優劣の関係ではありません。たしかに最近のWebアプリは高機能で便利ですが、必ずしもWebアプリが「上」で「優秀」とは限りません。検討のうえでWebアプリを使わないのも判断のひとつです。

それぞれが違う役割だと認識し、必要なときに必要なアプリを使えるよう準備しておきましょう。

「便利にしたい」「不便をなくしたい」が活用の鍵

Webアプリ活用は、ちょっとした「これめんどくさいな」から始まります。「めんどくさい」は便利への欲求。便利にしたい・不便をなくしたいと感じたときが、Webアプリ活用の始まりです。

小さな例なら、文字数をカウントしたいときや、タイマーやストップウォッチで時間を計測したいとき。簡単なWebアプリなら、インターネット検索で要件を検索するとすぐに見つかります。個人制作のアプリも多く、ニッチで尖った需要に応えるアプリもあります。

「ここ不便だな、便利にならないかな」と思ったら、Webアプリの活用方法を探してみる。その意識の流れが大事です。小さな不便をそのまま放置せず、どうやったら改善できるか考える癖をつけましょう。

時間を節約したいと考えてWebアプリを使い始めると、期待ほど明確な効率アップは得られないかもしれません。ですが、日常的に取り組む仕事や、いつも使っているソフトウェアをより便利なアプリでの作業に置き換えられたとしたら、それらは紛れもなく習慣の変化です。気づいたときには空いた時間が生まれている。そんな状態が実現します。

Webアプリを試す間は、業務効率が落ちたり仕事の手が止まりますが、自分に合う活用方法が見つかり手に馴染めば、より一層の効率化が見込めるでしょう。

昨今は便利なWebアプリが数多くリリースされています。そういったさまざまなWebアプリを試してみたり、どう活用できるかを試行錯誤するのは大変な道のりですが、そのプロセスを楽しんでもらいたいです。

具体的な実用例から自分なりの活用法を見つける

ただ、いざWebアプリを使おうとしても、具体的に何ができるのか、どのように活用すればいいかが分からず、PCのディスプレイを前に途方に暮れるかもしれません。

ここ数年でリリースされたWebアプリは特に高機能なものが多い印象です。何でもできるが故に、自分のニーズに合わせると何から始めたらいいか分からない……と感じてしまう場面は間違いなく増えています。

細かい機能はヘルプページを読めば分かりますが、「じゃあその機能をどう活用すればいいの？」という疑問には答えてくれません。そういった悩みには、機能説明よりも、個別の活用例や実際にアプリを使っているさまを見るほうが参考になります。

本書で紹介する、できるだけ実例に近い具体的な活用事例を見ながら、自分なりのWebアプリ活用法を見つけてください。

COLUMN

最新のWebアプリは多機能なものが多く、他のアプリと被る機能も少なくありません。その機能性ゆえに「何でもできる」とすら言われるWebアプリもありますが、ひとつのアプリに集約するか、用途によって使い分けるかはユーザーの自由です。

例えば本書で紹介するNotionでも「この用途ではあえてNotionを使わない！」と決めると、無理にNotionを活用しなくてもいいと思えて気が楽になります。

一方で、同じ文書や画像、プレゼンなどのアウトプットをあえて別のアプリで作ってみる……というのも、遊びとしては面白いかもしれません。

高い機能性が持つ魔力に翻弄されず、冷静に用途を見定めていきたいですね。

3 Webアプリのメリット・デメリットとリスク

Webアプリを使うメリット

仕事や個人でWebアプリを活用すると、次のようなメリットがあります。

- 複数のPCやスマートフォンから同じ情報を参照できる
- 機器の故障などによるデータ損失の心配がない
- 他人とのデータ共有が簡単
- 無料または低価格で多くの機能を使える
- ITの流行（トレンド）とも関連するので動向を掴みやすい
- 多彩なコミュニケーション手法を選択できる

複数の環境から同じデータを参照し、また変更が同期されるのは、Webアプリの大きなメリットです。10分前までPCで整理していたタスクを、電車移動中にスマートフォンで確認する。そんなスキマ時間の活用も簡単に実現します。

また、データの破損にも強く、特定のPCに保存されているデータが破損、または誤ってデータを削除してしまったため作業がパーになった……といったトラブルも起こりません。また、作業中のデータをそのまま他のメンバーに共有できるのも強みです。

Webアプリ活用の幅が広がった背景には、昨今のリモートワークの普及や自由な働き方の広がりがあります。

PC自体に保存したデータは、基本的には他のPCからは参照できません。デスクトップPCであれば、オフィスに出向いてデータを確認する必要があります。

しかし、Webアプリ上で作成したデータは、他のPCでも全く同じデータを閲覧できます。ノマドワーカーや、リモートワークとオフィスワークを併用する最新の働き方は、Webアプリの恩恵を最大限に活かしていると言っても過言ではないでしょう。

ただ、Webアプリを活用して得られるメリットは、時短で効率的に仕事をこなすだけではありません。

例えば、絵文字リアクションでのコミュニケーションやちょっとしたコメント。画面上で動く他メンバーのマウスカーソル。生身の人間が後ろにいると分かる、機微と情緒のあるコミュニケーションです。対面で会うと寡黙で無愛想に見えたメンバーが、Webアプリ上では活発に交流しているさまを見ることもあるでしょう。

あるいは、円滑なチームワークの醸成による、職場の士気向上だったりとか。同じドキュメントを見ながら喋るミーティングの手応え。その場でドキュメント作成ツールに作り上げられるオンライン会議の議事録など。

個人で使うWebアプリをチームに広げていくには、使い方のレクチャーなどを行う必要もあり、一見遠回りに思えるかもしれません。でも、どうやって関わる人たちに快く仕事をしてもらうかを軸に考えられたら、結果として効率アップにもつながります。

COLUMN

Webアプリの活用と、複数の勤め先を持つ「パラレルワーク」という働き方は、とても相性が良いと感じています。

使っているアプリが同じなら、業種がまったく異なる会社でも比較的スムーズに業務を始められます。また、A社で得た活用術や運用方法を、機密情報を除いてB社にシェアすることも可能。他の会社がWebアプリをどう使っているかは意外と分からないので、他社のリアルな使い方は価値のある情報です。

専業でひとつの会社に勤めている場合は、Webアプリのユーザー会やオンラインセミナーに積極的に参加するのがおすすめです。

Webアプリのデメリットとリスクにも目を向ける

ただ、Webアプリの利用はメリットばかりではありません。もちろんデメリットや、Webアプリ特有のリスクも存在します。Webアプリ活用のメリットを裏返して考えてみましょう。

表 Webアプリのメリットとデメリット

メリット	デメリット
複数のPCやスマートフォンから同じ情報を参照できる	機器の紛失で漏洩リスクが上がる
機器の故障などによるデータ損失の心配がない	クラウド上のデータが消えると復元できない
他人とのデータ共有が簡単	共有先を誤る・設定ミスに気づかない
無料または低価格で多くの機能を使える	会社で許可されていないアプリを勝手に使ってしまう

複数のPCやスマートフォンから情報にアクセスできるのは間違いなくメリットですが、機器が増えたぶん、**紛失で情報漏洩につながるリスクが高まった**とも言い換えられます。

また、社内ルールや規則により、会社で使うアプリケーションが指定されていることも少なくありません。特定のWebアプリの使用を禁止している会社もあるでしょう。会社で得た情報は会社の資産であり、個人が勝手に持ち出すのはNGです。指定されていないWebアプリを使うのは**「シャドーIT」**と呼ばれ、情報システム部門やセキュリティ担当者の悩みの種のひとつでもあります。

社内でWebアプリを使うよう決められているなら問題ありませんが、個人的にWebアプリを使う際は、会社の業務で得た情報や顧客情報などはむやみに保存しないよう注意しましょう。

さらに、自動でクラウドにデータを同期するのは便利ですが、**同期ミス／操作ミスにより、データを損失した状態で同期されると復元できない**可能性もあります。

更新が反映されていない状態でアプリを閉じてしまった、あるいは操作ミスで編集内容を削除したまま同期されてしまった、といった操作により、データが喪失する可能性はゼロではありません。オフライン同期の機能を有するアプリもありますが、完全に安心とは言い難いです。

突然システム障害が発生する可能性もあります。**システム障害が発生すると、対象のWebアプリ自体にアクセスできなくなるか、特定のデータを参照または保存できなくなります**。会社やチーム全員で特定のWebアプリを使っている場合、そのアプリで障害が発生すると、もはや全く仕事ができない状態です。

Webアプリはインターネットへの接続を前提としているため、ネットワークや通信の障害でも同様にアクセスできなくなります。対象のWebアプリを提供しているサーバーが万が一破壊されたら、当然ですがデータも消失します。ただし、サーバーを起因としたデータ消失については、データを分散して保管する等の対策が取られている場合もあります。

また、大きなリスクではないものの、Webアプリのシステムメンテナンスにも注意が必要です。システムメンテナンスの時間帯は、Webアプリ自体にも、当然アプリ内に保存したデータにもアクセスできません。

メンテナンス時間は、利用ユーザーが多いタイムゾーンでの深夜時間に設定されるため、アプリによっては日本時間の日中にメンテナンスが実施されます。当日に慌てないよう、メンテナンス告知が表示された際は事前にチェックしておきましょう。

いくつかデメリットやリスクを紹介しましたが、だからWebアプリを使うのをやめましょう……というのは暴論です。Webアプリの特徴ゆえにリスクもあると理解したうえで、「使う」「使わない」の判断や具体的な活用方法を考えるのが、ユーザーの役割であり責任です。

4 この本の使い方

本章では、利用者が多い主要なWebアプリを紹介します。特に本書で取り上げる5つのアプリでは、実現できること、無料・有料プランの違い、アカウント作成方法をまとめました。

第2章以降は、具体的な利用シーンを想定した各Webアプリの使い方をレッスンとして解説します。レッスンはすべて独立した内容で、実現したいことに近い項目から自由に読むことができます。各アプリを十二分に活用したい場合は、各章のすべてのレッスンを読むことをおすすめします。

各章の最終ページには、各アプリの機能や、レッスン内でお伝えした内容を箇条書きでまとめました。

本書のタイトル「こっそり」は、「Webアプリを使ってはいるけれど、あまりうまく使いこなせていない……」という方が、ひそかに実践できる活用術を伝えたいという意味があります。会社で定められた情報管理のルールを

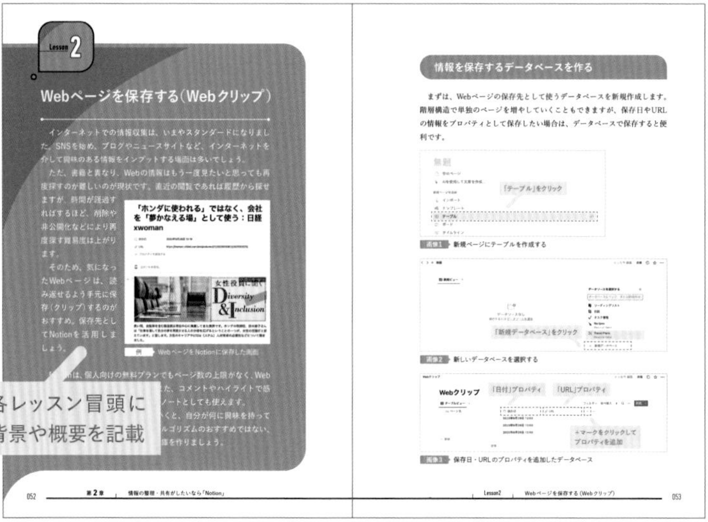

破って、Webアプリを「こっそり」使うことは推奨しません。会社の機密情報などを扱う際は、会社で利用中のアプリで、または規則で許可されていることを確認した上で、本書の内容を活用してください。

何より、本書で紹介したWebアプリ以外でも本書の内容を活用する余地はあります。Notionの利用が禁止されている場合でも、「Notionのレッスンは、いま使っているアプリでどう実現できるだろう？」と考え、本書のエッセンスをうまく抽出しましょう。

また、会社やチーム単位で業務効率化が見込めそうなら、Webアプリの導入を自ら推進するのも選択肢のひとつです。その際は、上司やチームメンバーを説得する材料として、第1章のアプリ紹介や機能比較表を役立ててください。

アプリの画面を引用しつつ
活用事例を紹介
コメントを入れる必要はないけれど、テキストやブロックをハイライトしたいときは、テキストやブロックを選択し「文字色」メニューで文字の色や背景色を変更します。
テキストやブロックを選択して表示されるメニューで「文字色」を選択
保存したWebページを分類するためのプロパティ例
保存したWebページが増えるにつれ、検索性が下がり、後から見返すときに不便になる可能性もあります。分類やタグなどのプロパティを追加して、後の検索性を高めておきましょう。
どのような分類やタグにするかはさまざまですが、次のようなパターンが考えられます。
表2 Webページ用のデータベースで使うプロパティの例
項目例 / Notionのプロパティ
保存した日 / 作成日
更新した日 / 更新日
未読/既読チェック / チェックボックス or セレクト
お気に入り / チェックボックス
カテゴリ / セレクト or マルチセレクト
COLUMN
本書では、ドキュメント作成のWebアプリとしてNotionを紹介しましたが、「本当にドキュメント作成アプリなのか？」と感じる場面が多々あります。データベースのプロパティを設定する際などは、文書作成に留まらないNotionの機能性を強く実感します。
そんなNotionの活用においては、最初から完璧を目指さないことが重要です。機能を活かしてすごいページやデータベースを作ろう！と意気込むと高確率で頓挫します。
データベースの設計がうまくいかないときは「まずはドキュメントの蓄積だけやる！」と割り切るのもひとつの判断。小さく始めて「これができるならあれもできるかも」と少しずつ拡充していくのがおすすめです。
Notionはサグラダ・ファミリアのようなものと思って、継続的にメンテナンスしながら使いやすい形に整えていきましょう。
Lesson2
057
Webアプリに関連する
Tipsをコラムとして記載
第2章まとめ
Notionは多用途に使えるドキュメントアプリ
階層構造の「ページ」に、テキストや画像、見出しなどの「ブロック」を配置してドキュメントを作成する
/(スラッシュ)を入力するとブロックを挿入するメニューが表示される
テンプレートを使った議事録を自動作成するのも簡単
拡張機能を併用してWebページの保存などにも対応可能
Notion活用のためには「データベース」が必要不可欠
データベースにはプロパティの項目があり、チェックボックスや選択式のメニューなどを自由に設定する
データベースの各行が子ページになっていて、ページ内に情報などを記録できる
情報の見せ方は6種類の「ビュー」から選択。蓄積した情報に合う見せ方を選ぶ
Wordやテキストファイル、CSVファイルのインポートで、他の場所にあった情報をNotionに取り込める
Web公開用URLの発行やPDF形式でのエクスポートで他メンバーに共有できる
Notionは自由度が高いため「何を記録して整理・共有したいか」をあらかじめ決めておくのが重要
100
第2章
情報の整理・共有がしたいなら「Notion」
各章の最終ページには
まとめを記載

5 主要なWebアプリの紹介

Webアプリの大まかな分類

海外企業・国内企業にかかわらず数多くのWebアプリがリリース・展開されていますが、主に右ページのようなジャンルに分類されます。

ただ、各Webアプリは、分類に応じたメイン機能以外にも多くの機能を有しています。例えば、画像作成アプリのCanvaではプレゼンテーション資料が作成できる、チャットツールのSlackでは指定日時でタスクのリマインダー設定ができる等。Notionに至っては、文書作成・タスク管理・表形式でのデータ管理まで可能です。

そのため、Webアプリを使い始める際は**「何を実現したいか」を決めてから取りかかる**と、機能の多さに翻弄されずに進められます。

現在利用されているWebアプリは、早いものは2000年代後半から、そして多くが2010年代から世の中に出回るようになりました。本書で紹介するTrelloは2011年サービス開始、Notionは2018年にリリースされたアプリです。

2023年現在ではAIを活用したWebアプリが多くリリースされている他、一部のアプリにもAIを使った作業補助の機能が実装されています。別途有料プランの契約が必要な場合もありますが、試しに使ってみるのもいいかもしれません。

表 Webアプリの分類例

分類	該当するWebアプリの一例
タスク管理	**Trello**
	Asana
	Stock
	Todoist
文書作成	**Notion**
	Evernote
	Googleドキュメント
	Office365
ビジュアライズ・視覚化	**Canva**
	Miro
	Figma
コミュニケーション	**Slack**
	Chatwork
	Google Meets
	Microsoft Teams
	Zoom
ファイル保存・共有	Box
	Dropbox
	Googleドライブ
	OneDrive
セキュリティ・パスワード保存	1Password
	Bitwarden
	LastPass

Notion（ノーション）

Notion（ノーション）は、ドキュメントを作成・管理する機能を提供するWebアプリです。

多方面に充実した機能が特徴で、タスク管理やWikiなどのドキュメント管理、データベース、文章生成AIなども利用できます。

他のタスク管理やプロジェクト管理のアプリケーションからNotionに乗り換えを検討できるほどの豊富な機能を有することから、「オールインワンワークスペース」とも呼ばれています。

Notion上のドキュメントは「ページ」単位で作成・管理します。ページ同士は階層構造を持ち、異なる階層に移動するのも容易です。ページ内の文章や画像は「ブロック」と呼ばれるかたまりの単位で追加・編集します。

また、Notion最大の特徴である「データベース」機能では、複数のページを、書類保管庫のように規則正しく整理して保管できます。データベースで作成するページには、「プロパティ」の情報を自由に追加して、任意のカテゴリーやタグ、作成日時、作成者、スケジュール日時、チェックボックス、URLなど特定の情報を追加します。プロパティに追加した情報を使えば、データベースの一覧画面でフィルター設定（絞り込み）や並べ替えも可能です。

画像1 Notionのトップページ

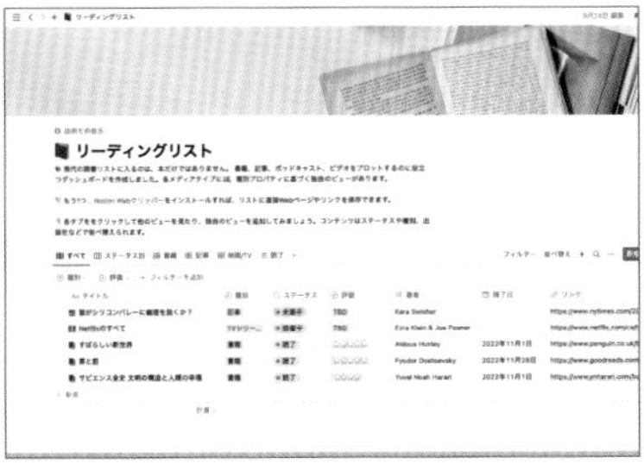

画像2 データベース機能を使って保存したページの一覧

画像3 Notionで作成したページ

表 Notionの無料プランと有料プランの違い

プラン	フリー	プラス	ビジネス	エンタープライズ
1人あたり金額（月額）	無料	10ドル	18ドル	要問い合わせ
ページ数	個人は無制限・2名以上は合計1000ブロックまで	無制限	無制限	無制限
ファイルアップロード	最大5MB	無制限	無制限	無制限
ページの履歴	7日間	30日間	無制限	無制限
ゲストコラボレーター（ゲスト招待数の上限）	10人	100人	250人	250人
ページのアクセス分析	ページの閲覧数・閲覧者	ページの閲覧数・閲覧者	ページの作成者・編集者・閲覧数・閲覧者	ビジネスプランの全項目とワークスペースのアクセス分析
招待できるゲストの人数	10人	100人	250人	250人
カスタムのnotion.siteドメインを使う	×	○	○	○
チームスペース（オープン・クローズド）	×	○	○	○
チームスペース（完全非公開）	×	×	○	○
他Webアプリとのデータベース同期	1データベースのみ	無制限	無制限	無制限
一括エクスポート（HTML・CSV）	○	○	○	○
一括エクスポート（PDF）	×	×	○	○
高度な管理・セキュリティ機能	×	×	×	○

Notionアカウントを作成する

https://www.notion.so/ja-jp にアクセスして、以下の手順でアカウントを作成します。

画像4 Notion公式サイトのトップページからアカウントを作成する

画像5 メールアドレスを入力してログインする

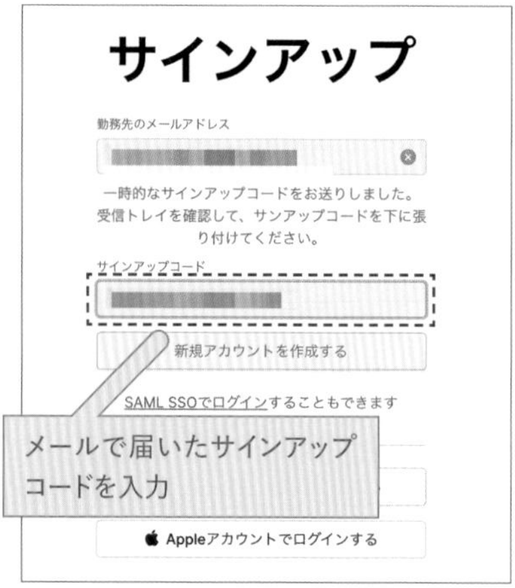

画像6 メールで届いたサインアップコードを入力する

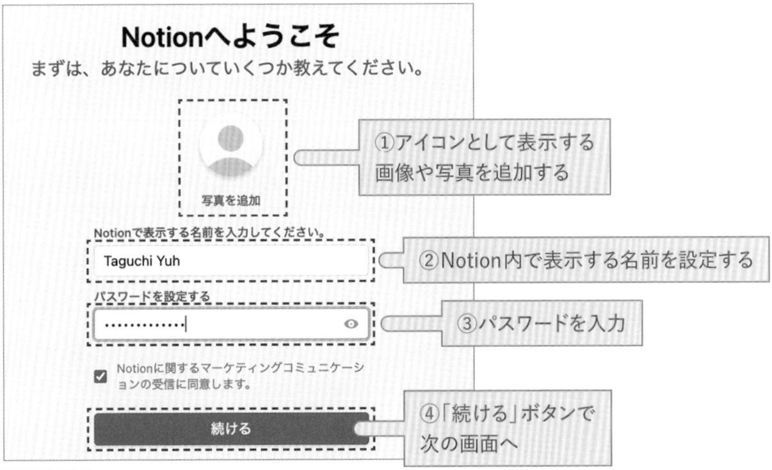

画像7 表示名とパスワードを設定する

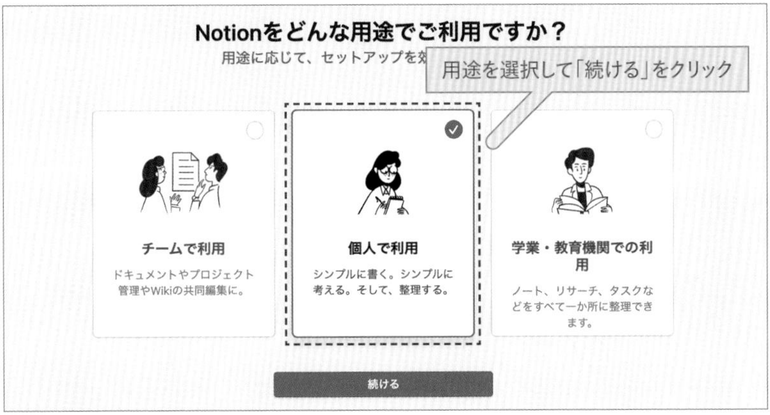

画像8 Notionの用途を選択する

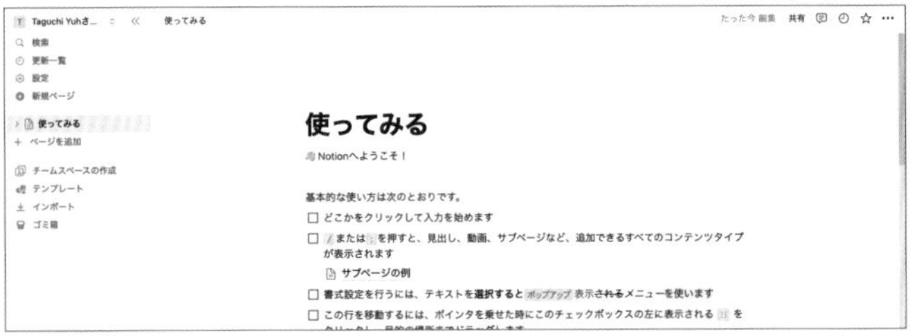

画像9 アカウント作成が完了し、Notionが表示される

Canva（キャンバ）

Canva（キャンバ）は、ブラウザ上で印刷物などのデザインを作成できるWebアプリです。画像やプレゼンテーション、動画などビジュアルを伴う資料を作成できます。

名刺、ポスター、社内ドキュメントやWeb会議での背景など、多様な利用シーンに応じた高品質なテンプレートが用意されています。テンプレートを元に編集すれば、凝ったデザインの画像や資料が手軽に作れます。フォントや装飾用の図形もあらかじめ用意されていて、必要なデータを別のWebサイトで探す手間がかかりません。

ドラッグ＆ドロップなどの直感的なマウス操作で、図形や文字情報の配置、画像切り取りやフィルター追加、色の変更などを行い、任意の画像やPDFファイルの形式で出力できます。

また、Canvaでは、共有用のURLやメールアドレスでの招待で、作成中のデザインを他のメンバーに共有できます。作成途中のデザインを見てもらいたいときや、共同編集したいときに重宝するでしょう。

プレゼンテーション用のスライドを作成して、そのままスライドショーとして投影もできます。発表者（スピーカー）用のメモ欄も用意されています。

画像1 Canvaのトップページ

画像2 Canvaで印刷物などのデザインを自由に作成する

表 Canvaの無料プランと有料プランの違い

プラン	Canva Free	Canva Pro	Canva for Teams
金額（月額）	無料	1,500円	5名まで3,000円、以降人数追加に伴い従量課金
使える素材	100万点	400万点	400万点
使えるテンプレート・デザインの種類	8,000種類	60,000種類	60,000種類
クラウドストレージの容量	5GB	1TB	1TB
Web用データのダウンロード	○	○	○
印刷用データ（CYMK）のダウンロード	×	○	○
オリジナルフォントの使用	×	○	○
画像や動画の背景を削除	×	○	○
AIを使ったデザインツール	回数上限あり	無制限	無制限
リンク共有・コメント	○	○	○
デザインのチーム専用リンク	×	○	○
チーム単位の権限管理	×	×	○

Canvaアカウントを作成する

https://www.canva.com/ja_jp/ にアクセスして、以下の手順でアカウントを作成します。

画像3 Canva公式サイトのトップページからアカウントを作成する

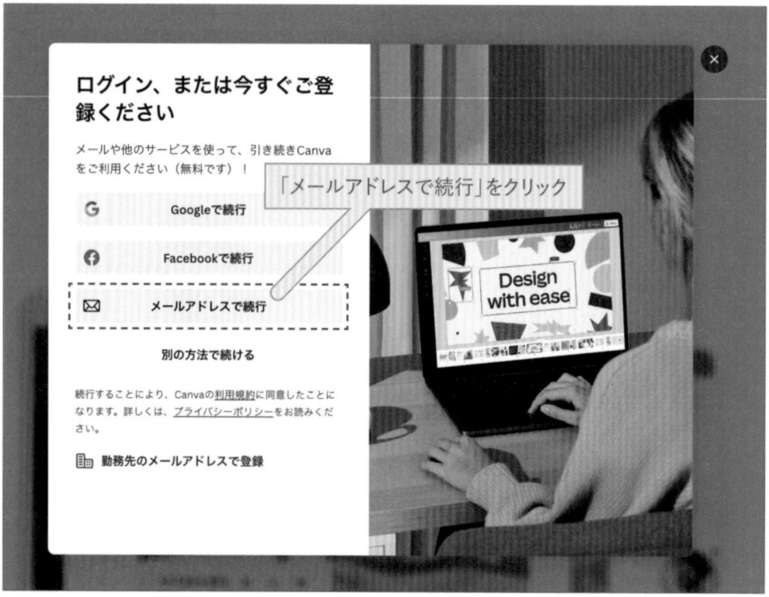

画像4 ログイン方法を選択する

画像5 ログインに使用するメールアドレスを入力する

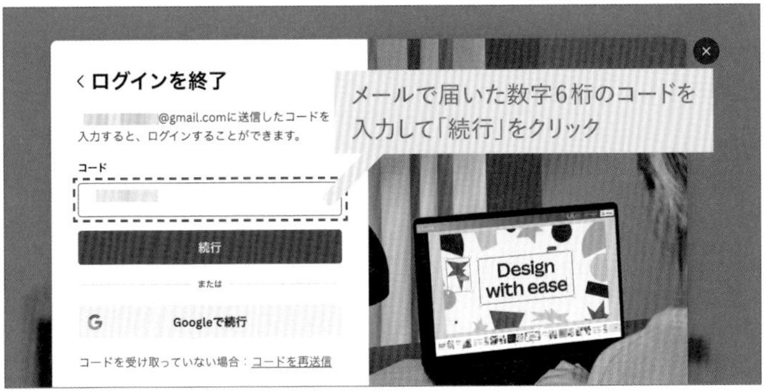

画像6 メールで届いたコードを入力する

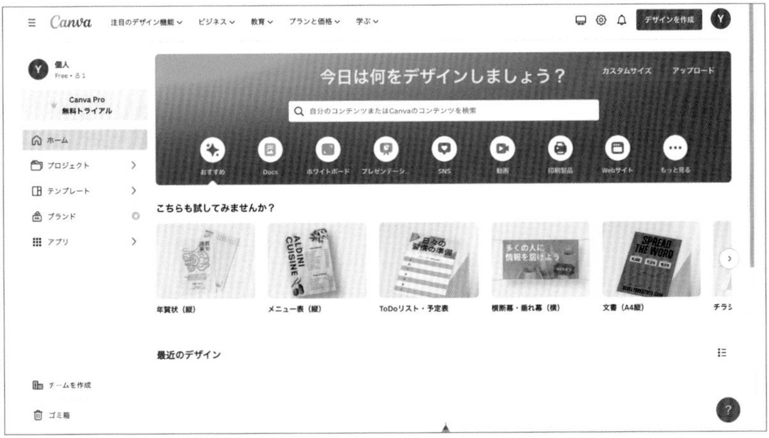

画像7 アカウント作成が完了し、Canvaのトップ画面が表示される

Miro（ミロ）

Miro（ミロ）は、図形や画像を含むビジュアルを作成・共有できる、ビジュアルコラボレーションを提供するWebアプリです。

「オンラインホワイトボード」とも呼ばれるMiroでは、ふせんを貼ったり、アイデアを書き込んだり、線を引っぱって要素同士をつないだりと、文字だけの情報にとらわれない自由な表現でアイデアなどを膨らませられます。リアルなホワイトボードとは異なり、ボードサイズはほぼ無限大です。

また、複数人での共有が簡単で、招待したチームメンバーと同時に同じボードを見ながらアイデアを共有できます。オンライン会議アプリで通話しながらMiroのボードを参照すれば、さながらリアルのホワイトボードを見るような体験が得られます。

ただ、Miroの機能はホワイトボードの代替にとどまらず、図形と引出線を使ったビジュアルに富む説明、システムの構成図、アプリやWebサイトの完成イメージなども作成できます。テンプレートも豊富で、思考やアイデアをまとめるさまざまなフレームワークも用意されています。

画像1 Miroのトップページ

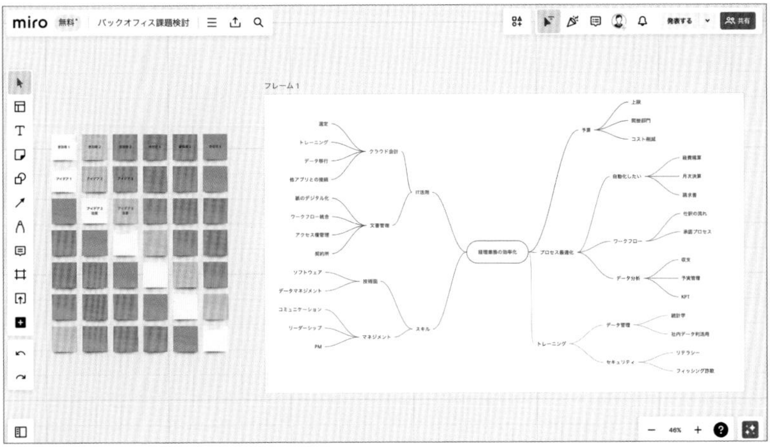

画像2 ▶ オンライン上のホワイトボードとして使えるMiro

表 Miroの無料プランと有料プランの違い

プラン	Free	Starter	Business	Enterprise
1人あたり金額（月額）	無料	10ドル	40ドル	要問い合わせ
編集可能なボードの数	3つまで	無制限	無制限	無制限
Miroテンプレートの利用	○	○	○	○
ボードのエクスポート	標準画質	標準画質 ＋高画質	標準画質 ＋高画質	標準画質 ＋高画質
プレゼンテーションモード	○	○	○	○
投票・タイマー機能	×	○	○	○
ボードの手動バックアップ	×	○	○	○
変更履歴からの復元	×	○	○	○
チームへのメンバー招待	○	○	○	○
非公開ボードへのゲスト招待	×	×	○	○
組織単位でのアカウント等管理	×	×	×	○

Miroアカウントを作成する

https://miro.com/ja/ にアクセスして、以下の手順でアカウントを作成します。

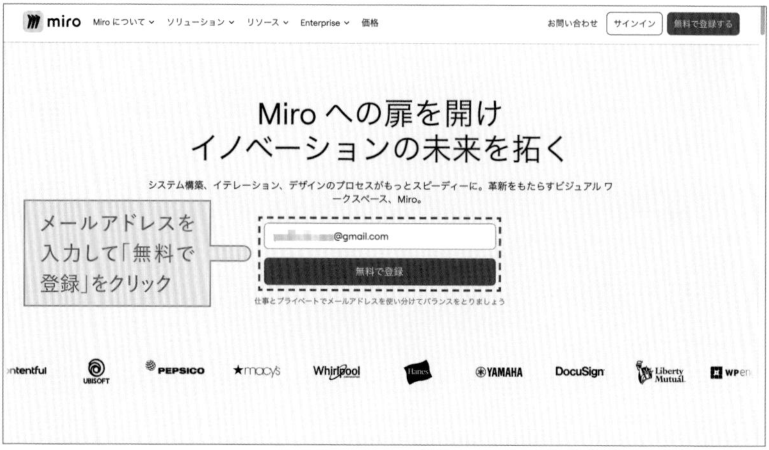
miro
Miro について
ソリューション
リソース
Enterprise
価格
お問い合わせ
サインイン
無料で登録する
Miro への扉を開け
イノベーションの未来を拓く
システム構築、イテレーション、デザインのプロセスがもっとスピーディーに。革新をもたらすビジュアル ワークスペース、Miro。
メールアドレスを入力して「無料で登録」をクリック
@gmail.com
無料で登録
仕事とプライベートでメールアドレスを使い分けてバランスをとりましょう

画像3 Miro公式サイトのトップページからアカウントを作成する

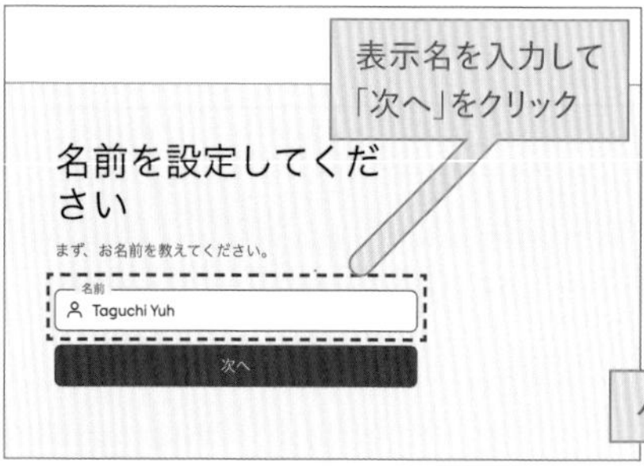
表示名を入力して「次へ」をクリック
名前を設定してください
まず、お名前を教えてください。
名前
Taguchi Yuh
次へ

画像4 Miro内で表示する名前を設定する

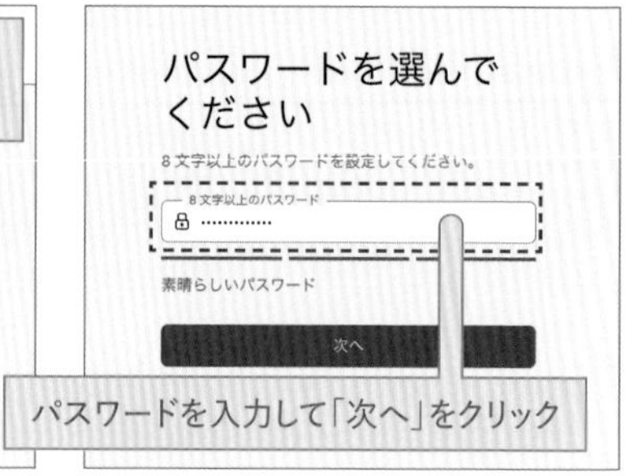
パスワードを選んでください
8文字以上のパスワードを設定してください。
8文字以上のパスワード
素晴らしいパスワード
次へ
パスワードを入力して「次へ」をクリック

画像5 パスワードを設定する

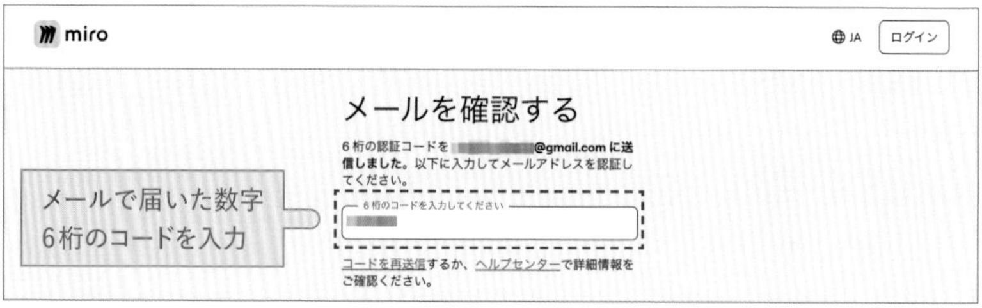
miro
JA
ログイン
メールを確認する
6桁の認証コードを[redacted]@gmail.com に送信しました。以下に入力してメールアドレスを認証してください。
メールで届いた数字6桁のコードを入力
6桁のコードを入力してください
コードを再送信するか、ヘルプセンターで詳細情報をご確認ください。

画像6 メールで届いた認証コードを入力する

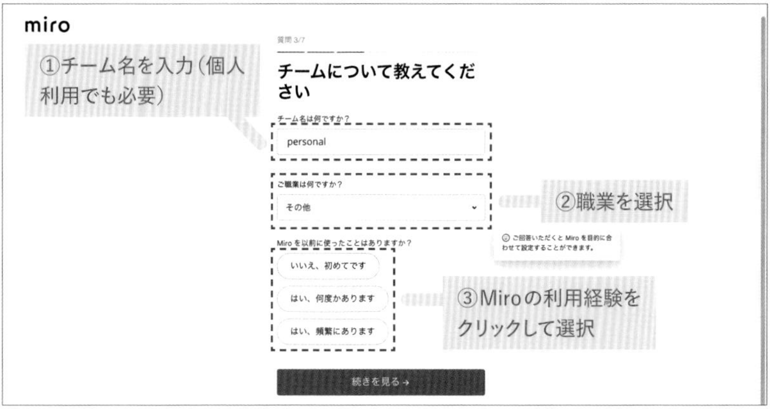
miro
質問 3/7
チームについて教えてください
①チーム名を入力（個人利用でも必要）
チーム名は何ですか？
personal
ご職業は何ですか？
その他
②職業を選択
ご回答いただくと Miro を目的に合わせて設定することができます。
Miro を以前に使ったことはありますか？
いいえ、初めてです
はい、何度かあります
はい、頻繁にあります
③Miroの利用経験をクリックして選択
続きを見る →

画像7　チームの概要を入力する

miro
チームメンバーを招待する
クリックしてコピーされたURLをメンバーに共有して招待できる
次から招待： Slack, Google または Microsoft
メールアドレスを指定して招待を送信
このリンクをコピーし別のメッセージツールで共有：
https://miro.com/welcome
コピー
ここにメールアドレスを入力
招待しない場合は「今回はスキップ」をクリック
招待を送信
今回はスキップ

画像8　必要に応じてチームメンバーを招待する

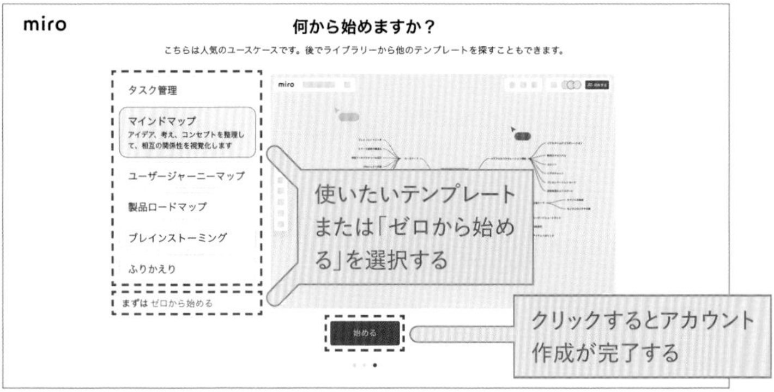
miro
何から始めますか？
こちらは人気のユースケースです。後でライブラリーから他のテンプレートを探すこともできます。
タスク管理
マインドマップ
アイデア、考え、コンセプトを整理して、相互の関係性を視覚化します
ユーザージャーニーマップ
製品ロードマップ
ブレインストーミング
ふりかえり
まずは ゼロから始める
使いたいテンプレートまたは「ゼロから始める」を選択する
始める
クリックするとアカウント作成が完了する

画像9　テンプレートを選択する

Trello（トレロ）

Trello（トレロ）は、プロジェクトの作業やタスクを一覧で管理するWebアプリです。提供元はAtlassian（アトラシアン）社です。

基本構造はシンプルで、ボード・リスト・カードの要素で構成されます。

Trelloの構成要素

ボード ▶ プロジェクトやテーマ、チームごとに作るスペース

リスト ▶ 状況や分類ごとにカードを分けるための箱

カード ▶ タスクやアイデアを書き出す最小単位

ボードの画面では、各リストに分類されたカードを一覧で参照します。カードをドラッグ&ドロップしてリストの間を自由に移動させ、タスクの進捗（未着手・着手中・完了）などの状況を自由に変更できます。

また、各カードには詳細を入力する項目が設けられています。説明、担当者、ラベル、期日、チェックリストなどを設定して、タスクを進めるために必要な情報を1枚のカードにまとめられます。

タスク管理以外にも、情報の集約、アイデア出し、メンバーの業務量を視覚化する等、リストとカードの定義次第で活用の幅が広がります。

画像1 ▶ Trelloのトップページ

画像2 ▶ Trelloのボード画面

表 Trelloの無料プランと有料プランの違い

プラン	FREE	STANDARD	PREMIUM	ENTERPRISE
1人あたり金額（月額）	無料	6ドル	12.5ドル	17.5ドル ※50～250ユーザーの価格
ボード作成数	ワークスペースあたり10枚まで	無制限	無制限	無制限
カード枚数	無制限	無制限	無制限	無制限
添付ファイル上限サイズ	10MB	250MB	250MB	250MB
Trelloテンプレートの利用	○	○	○	○
ボードビューの利用	○	○	○	○
ボード以外のビュー利用	×	×	○	○
カスタムフィールド追加	×	○	○	○
JSON形式でボードをエクスポート	○	○	○	○
CSV形式でボードをエクスポート	×	×	○	○
ボードの閲覧者権限の設定	×	×	○	○
組織単位での管理	×	×	×	○

Trelloアカウントを作成する

https://trello.com/ja にアクセスして、以下の手順でアカウントを作成します。

ATLASSIAN
Trello
機能
ソリューション
プラン
価格
リソース
ログイン
Trello を無料で入手
Trello でタスク、チームメイト、ツールのすべてをまとめましょう
チームが異なる場所にいても、あらゆるものを同じ場所に維持できます。
Eメール
アカウントを無料で作成
ビデオを見る
Copy request
Doing
Board
Timeline
Table
Calendar
Dashboard
Map
July 15
Add a card
Jun 6
Kelly R. May 20 at 10:41 AM
Love this! Thanks @MarkS
Edit - Delete
メールアドレスを入力して「アカウントを無料で作成」をクリック
TRELLO 初級編
生産性向上のためのツール

画像3 Trello公式サイトのトップページからアカウントを作成する

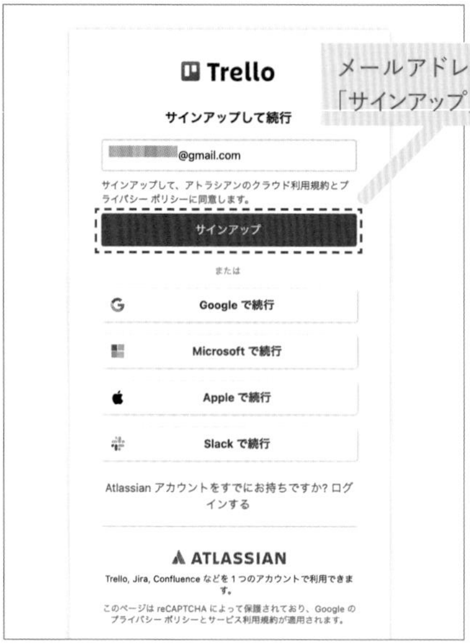
Trello
サインアップして続行
@gmail.com
サインアップして、アトラシアンのクラウド利用規約とプライバシー ポリシーに同意します。
サインアップ
または
Google で続行
Microsoft で続行
Apple で続行
Slack で続行
Atlassian アカウントをすでにお持ちですか? ログインする
ATLASSIAN
Trello, Jira, Confluence などを 1 つのアカウントで利用できます。
このページは reCAPTCHA によって保護されており、Google のプライバシー ポリシーとサービス利用規約が適用されます。
メールアドレスを確認して「サインアップ」をクリック

画像4 Trelloアカウントのサインアップ画面

Trelloへようこそ！
おめでとうございます。プロジェクトの整理を開始して、仕事を効率的に進めましょう。
最初のボードを作成
「最初のボードを作成」をクリック

画像5 ボード作成のチュートリアル開始画面

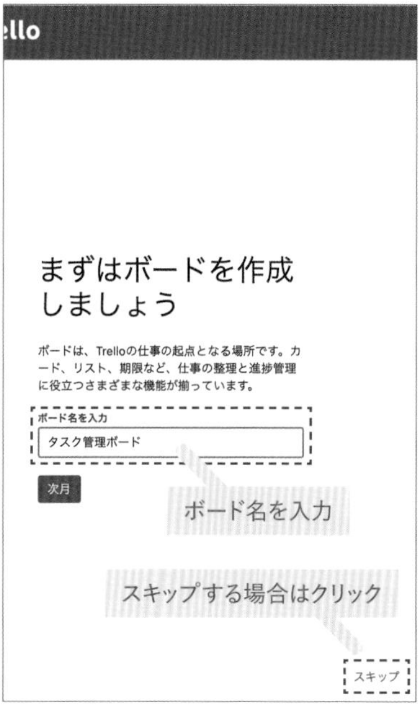

画像6 チュートリアル（ボード名を入力する）

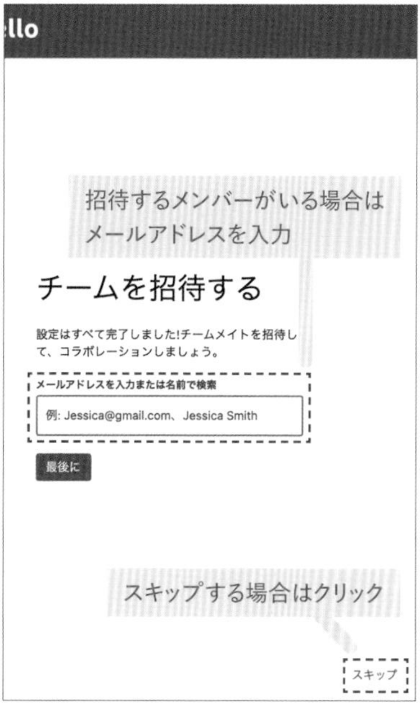

画像7 チュートリアル（チームメンバーを招待する）

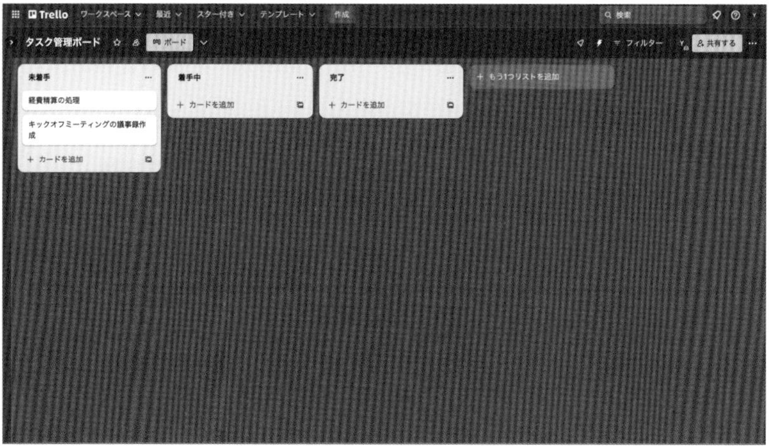

画像8 アカウント作成が完了し、Trelloのボードが表示される

Slack（スラック）

Slack（スラック）は、チーム内でのチャットコミュニケーションを提供するWebアプリです。会社チーム単位で「ワークスペース」を契約し、ワークスペース内に作成された目的別の「チャンネル」で他のメンバーと会話します。

メイン機能であるチャット以外にも多様なコミュニケーション方法が用意されていて、離れた拠点の相手やリモートワークのメンバーともコミュニケーションがしやすいよう設計されています。Slackを使っている会社・チーム同士であれば、セキュリティを維持しつつ相互に連携するコネクトチャンネルも利用できます。

Slackでのコミュニケーション手段

- 音声通話（ハドル）
- メッセージへの絵文字リアクション
- 音声録音やビデオ録画
- PC画面の録画による説明

また、Slackでは、期日を指定したリマインダーや、通知のカスタマイズ機能も充実しています。特定のメッセージを保存しておくといった、Slack

画像1 Slackのトップページ

を起点とするタスク管理も実現可能です。

特定の動作や作業を自動化するワークフローも実装されています。メンバーが特定のチャンネルに参加したとき、メッセージが投稿されたときなど、特定のトリガーで実行される定型のタスクを自動実行するよう設定できます。

ABC（株）内を検索する
ABC（株）
スレッド
すべてのDM
下書き
メンション＆リアクション
ブックマークしたアイテム
さらに表示
スター付き
デザインチーム
social-メディア
team-財務
チャンネル
社内通知
pr
チャンネルを追加する
ダイレクトメッセージ
ジェームズ・ハリス 自分
チームメンバーを追加する
アプリ
Google Calendar
#social-メディア
ソーシャルメディアの追跡と調整
74
プロジェクト概要
リソース
To Do
JIRAボード
ジェームス・ハリス 11:52
皆さん、今日はお疲れさまでした！
宮本 春香 11:55
ね！ゲストの反応もよかったね！一安心だね。@浅田さん、スライドかっこよくまとめてくれてありがとう！今回、直前で変更とか入ったりして、すみませんでした。お疲れさまでした＆ありがとう！
浅田 晶 11:56
とんでもないです！お役に立ててよかったです！楽しかったですね。
ABC チーム APP 12:45
Event starting in 15 minutes:
プロジェクトミーティング
Today from 1:00 PM to 1:30 PM
相楽 健二 12:58
お知らせ：今日は@宮本さんがチームの連絡会議に参加して、発売についての最新情報を教えてくれる予定です。不明点があれば、その時に質問してください。それでは、2分後によろしくお願いします
ヘンリー・ウォン 12:58
@宮本さんとの連絡会議の議事録
ポスト
1/9 議事録
最終編集：たった今
Zenith Marketing がこのチャンネルに参加しています
#social-メディアへのメッセージ
Aa

画像2 Slackのアプリ画面

表 Slackの無料プランと有料プランの違い

プラン	フリー	プロ	ビジネスプラス	Enterprise Grid
1人あたり金額（月額）	無料	1,050円	1,800円	要問い合わせ
メッセージの表示	直近90日まで	無制限	無制限	無制限
音声クリップと動画クリップ	○	○	○	○
Slack ハドルミーティング	1対1のみ	○	○	○
Slackコネクトでの外部連携	1対1のみ	○	○	○
他のWebアプリとの接続	10アプリまで	無制限	無制限	無制限
canvasの利用	チャンネル・DM内のみ	○	○	○
ワークフロービルダー	×	○	○	○
サイドバーのカスタマイズ	×	○	○	○
チャンネルへの投稿権限管理	一部チャンネルのみ	一部チャンネルのみ	○	○
コンプライアンス対応	×	×	○	○
複数ワークスペース作成と管理	×	×	×	○

Slackの新規ワークスペースを作成する

Slackのアカウントは、ワークスペースごとに異なります。すでに会社やチームでワークスペースを使っている場合は、管理者に招待してもらうことで、そのワークスペースで使うアカウントを作成できます。

新しいワークスペースを作る際は、https://slack.com/intl/ja-jp にアクセスし、以下の手順で作成します。

画像3 Slack公式サイトのトップページからワークスペースを作成する

画像4 使用するメールアドレスを入力する

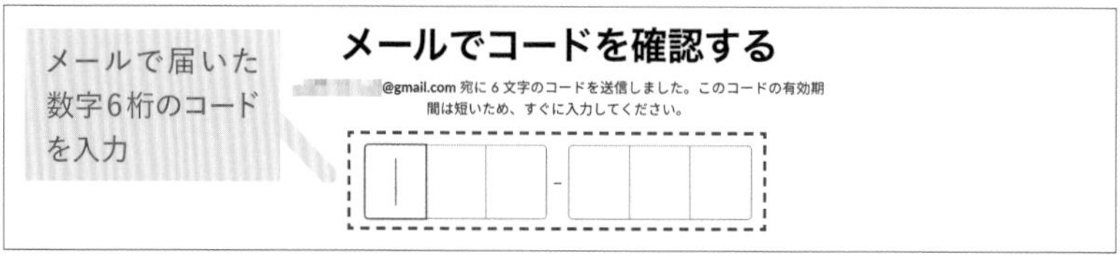

画像5 メールで届いた認証コードを入力する

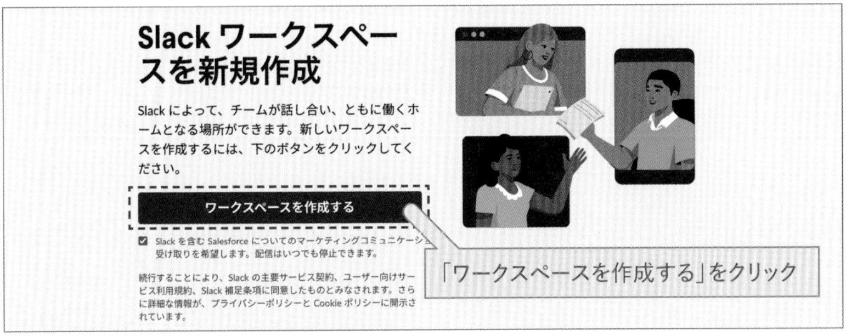

画像6 ワークスペースの新規作成確認

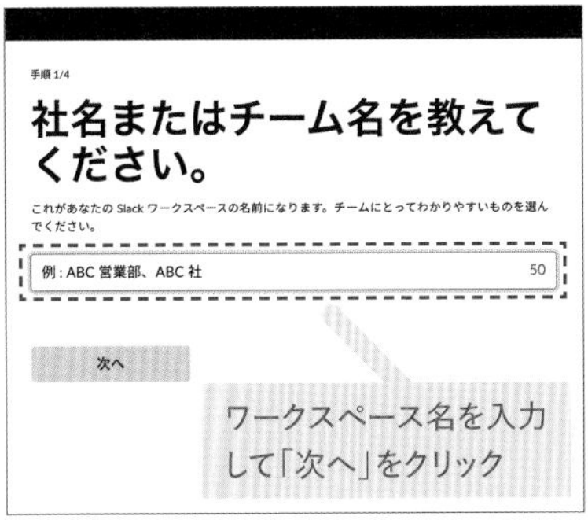

画像7 Slackワークスペース作成時のチュートリアル

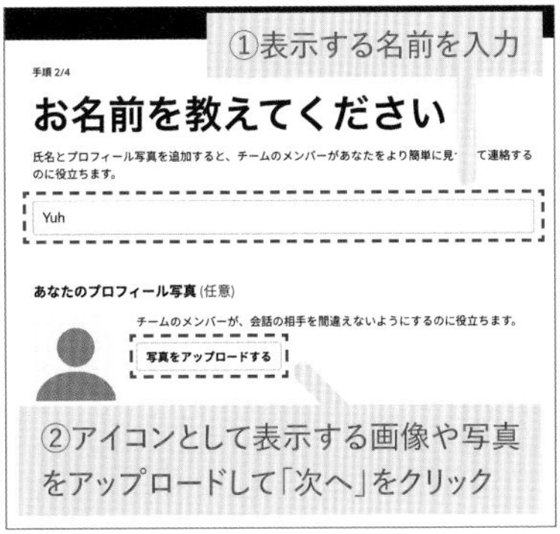

画像8 アカウント情報の設定

画像9 チュートリアルを終えるとSlackの画面が表示される

第1章まとめ

- Webアプリとは、PCブラウザ上で動作する、ユーザー登録とログイン操作が必要なアプリケーションの総称
- PCに標準でインストールされているアプリ以上に高機能で便利なものが多い
- 2010年代以降に多くのWebアプリがリリースされ一般的になった
- 1人で利用する範囲であれば無料のアプリも多い

- Webアプリ利用のメリットは幅広い
- 業務の効率アップはもちろん、遠方のメンバーとの円滑なコミュニケーションやチームの士気向上にも寄与する
- 一方で、デメリットやWebアプリ特有のリスクもある
- 特に会社の情報を保存する際は、定められたルールなどを事前に必ず確認する

- 現在はさまざまな用途のWebアプリが多数展開されている
- Webアプリは高機能だが、あくまでも便利な道具
- 「不便だな、便利にならないかな」が活用の鍵
- 具体的な使い方を学ぶには、実際の利用例を見るのが近道
- 多機能なアプリも「何を実現したいか」を考えてから使うとスムーズ

第2章

情報の整理・共有がしたいなら「Notion」

会社の業務あるいは個人的に作った文書、1か所にまとめたい情報、積み上げげたい記録など、あらゆる情報の整理に役立つのがNotionです。自由度の高さを活かした、多彩な活用方法を見ていきましょう。

Lesson 1

日報を書く

日報や週報など、定期的に上司やチームメンバーへ業務内容を報告する機会はあるでしょう。

定期的な報告や議事は、Notionのデータベースで情報を蓄積していくのがおすすめです。上司に提出する際のフォーマットが決まっている場合でも、自分用の日報をNotionに書き、その自分用日報から抽出した内容を報告できます。

そもそも、何のために日報や週報を書くのでしょうか？ その日、その週の業務を振り返り共有するのが目的であるのは明らかですが、自分のためにならない面倒な報告業務と捉えてしまうのは、あまりにももったいない。日報を変化や成長、課題を実感する機会に変えてしまえばよいのです。

例えば、半年、1年前の状況を簡単に振り返られるように日付をつけておく。営業ならアポの件数、CSなら解決した問い合わせの件数などをあわせて記録する。顧客や同僚に言われて嬉しかった言葉を書き留めておく等。

Notionで日報や週報を作れば、定量的・定性的・非定性的な記録を一元化することが可能です。データベース機能は、表形式のデータベースであると同時に、各行を「ページ」として扱い、定量・定性・非定性の記録をひとまとめにできます。

どうせ書かなくてはいけない日報や週報なら、不機嫌に取り組むよりも、自分の糧にできるようなカスタマイズをしていきましょう！

まずは「何を記録するか」を決める

Notionで情報を整理・共有する際に最も重要なのは、**何を記録し、共有したいかをあらかじめ決めておくこと**です。

Notionは非常に汎用性・拡張性の高いWebアプリで、設計次第でさまざまな使い方ができます。裏を返せば、何を記録したいか分からないままNotionに手をつけると、どう活用したいかが見えず、袋小路にはまってしまう可能性もあるということです。

このレッスンに限らず、Notionを使うときは、**自分は何を記録・共有したいのか？**を念頭に置いてから始めましょう。

一般的な日報や週報の場合は、次のような項目が考えられます。毎日・毎週の頻度で報告しているものは何か？ 自分のために何を記録したいのか？ を基準に、目的ありきで記録する項目を決めていきましょう。

- 記録の対象日・対象週
- やったこと（業務内容）
- 翌日／翌週への先送り
- 困っていること
- 振り返りフレームワーク（KPTなど）

また、職種や業種によって追加する項目もあるでしょう。

- 営業職：アポ件数・契約数
- CS：問い合わせ対応着手件数・解決件数
- エンジニア：割り込み件数
- 管理職など：合計のミーティング時間

項目を決める際は、以下を意識するとデータベースが作りやすくなります。

- 定量(数値化できる項目)
- 定性(数値化はできないが同じ質問に答えるもの)
- 非定性(それ以外の自由項目)

データベースを作成する

何を書くかを決めたら、Notionにデータベースを作成します。

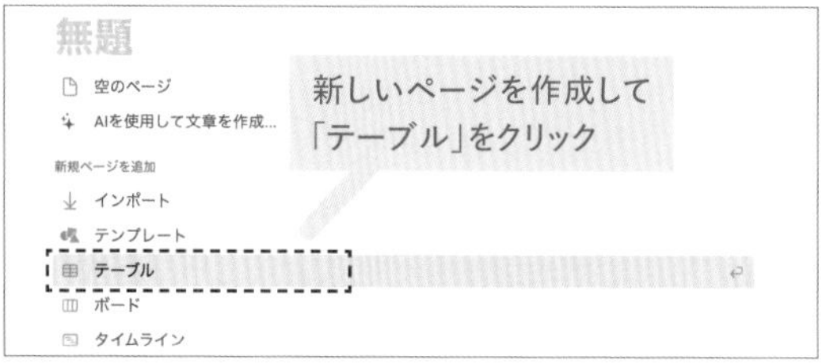

画像1 新規ページで「テーブル」を選択する

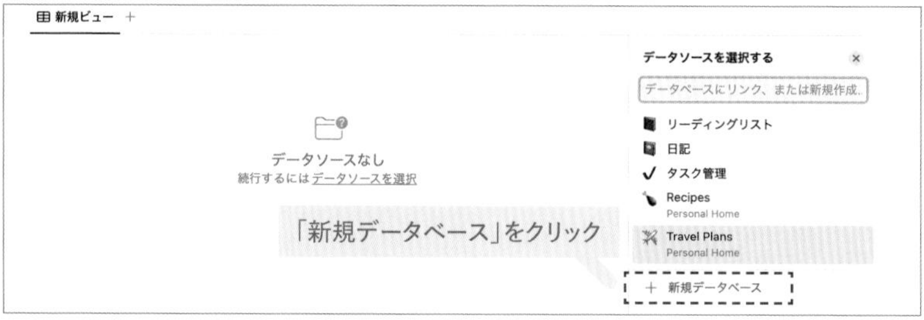

画像2 新規データベースを作成する

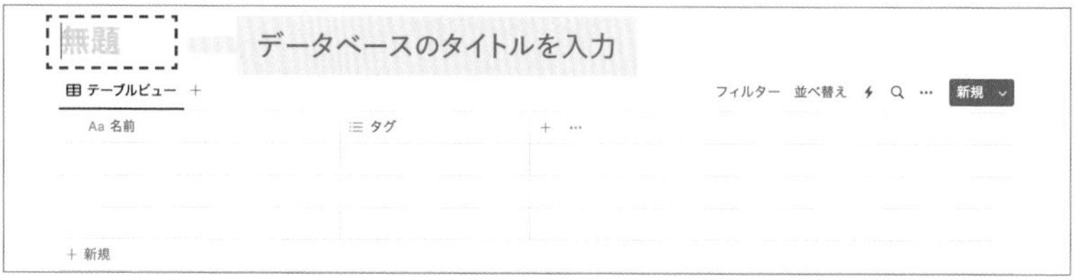

画像3 作成された新規データベース

空のデータベースを作成したら、記録したい内容を項目に設定していきます。今回は例として、以下を記録します。

- 日付
- テレアポ件数（件）
- ミーティング時間
- 今日の業務（箇条書き）
- 先送りタスク
- KPT

今日の業務（箇条書き）・先送りタスク・KPTは文章でページ内に書くため、ここで項目は作成しません。

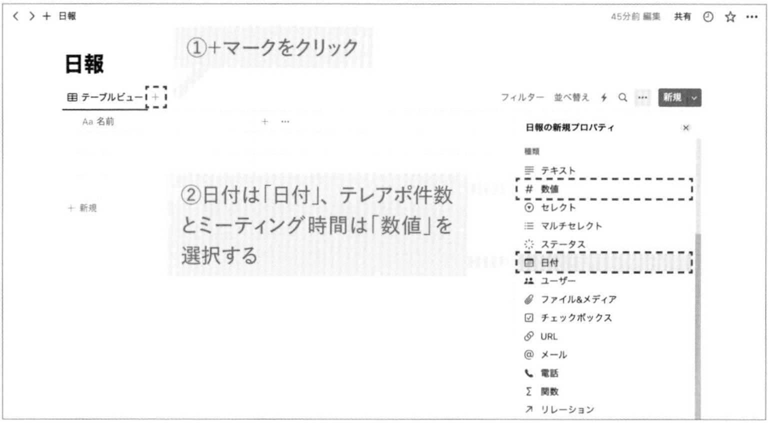

画像4 データベースにプロパティを追加する

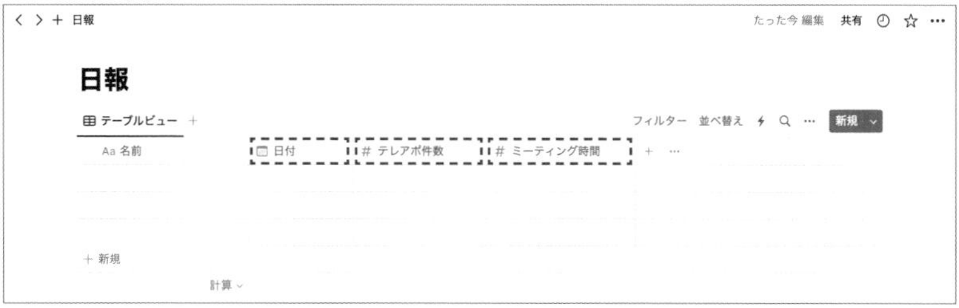

画像5 プロパティが追加されたデータベース

Notionのページは階層構造となっていて、あるページ内に別のページを入れ子構造で配置できます。また、データベースの各行もページとして入れ子構造になっていて、自由に文章や画像の配置が可能です。

データベースの作成方法は2種類あります。

- 階層構造の一番上にデータベースを作る
- 個別のページの下に入れ子でデータベースを作る

後からページの場所の移動はできますし、移動した際もリンク切れは起こらないので、とりあえずの場所に作って問題ありません。

テンプレートを設定する

非定性の項目、いわゆる自由記述の項目は、各ページの内部に書いていきます。その際、毎回真っ白なページに向かうのは効率的ではありません。

Notionでは、新しいページを作成する際に、指定のテンプレートを呼び出すことができます。テンプレートを作成して、毎回同じ内容で記録していきましょう。

テンプレートは、データベースのページの「新規」ボタン右側にある下矢印マークから設定・呼び出しできます。複数設定できるので、場面に合わせて使い分けることも可能です。

画像6 テンプレートメニューの表示

「＋新規テンプレート」を選択すると、新規ページ作成の画面が表示されますが、ページ上部に「[データベース名]のテンプレートを編集しています」と表示されています。この状態でページの編集を行うと、テンプレートが作成されます。

画像7 テンプレートの編集画面

作成したテンプレートをデフォルトで使うよう設定すれば、新しいページを開くたびにテンプレートが自動で呼び出されて表示されます。

今日の日付が入ったページを作るボタンを設置する

わざわざデータベースにアクセスしてから書き始めるのは面倒なので、よくアクセスするページに「ボタン」を設置して、1クリックで新規ページを作成するよう設定します。

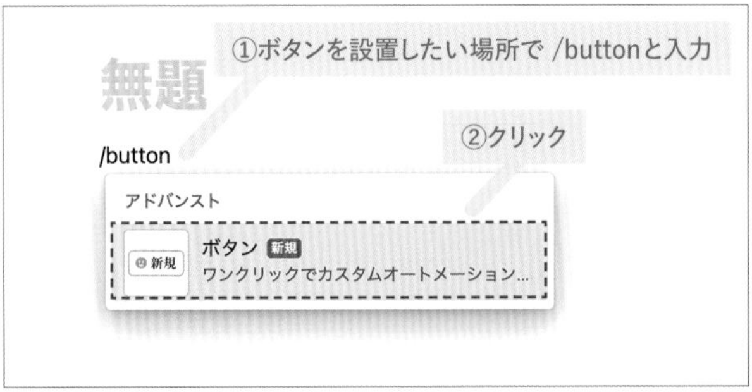

画像8 Notionページ内にボタンを設置する

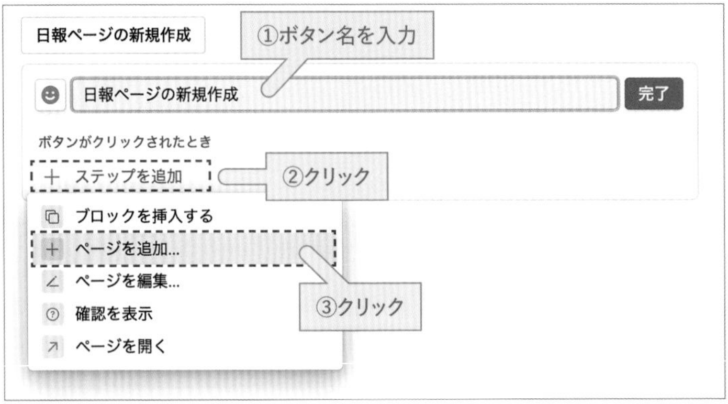

画像9 ボタンがクリックされたときの動作を選択する

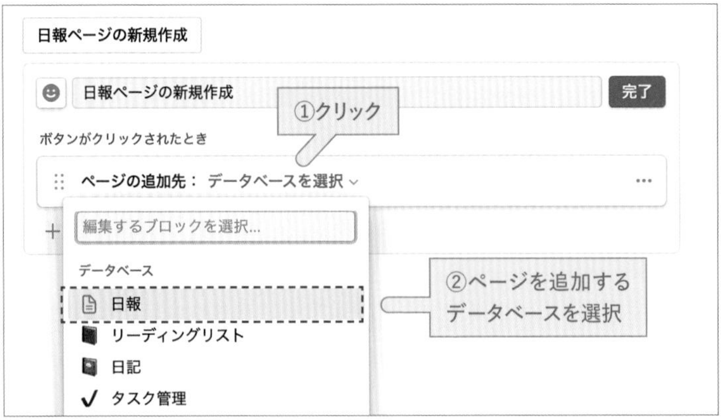

画像10 ページを追加するデータベースを指定する

ページを作成するデータベースを指定し、ページ作成時点で自動入力しておきたい項目も設定します。日付に「今日」を設定しておくと、自動で日付が反映されます。

画像11 ボタンを押した日の日付が自動入力されるよう設定する

「別のステップを追加」をクリックして、「ページを開く」で追加された新規ページを開くよう設定しておけば、ボタンを押しただけで今日の日付が入ったページが開きます。

画像12 作成されたページが自動で開くよう設定する

Lesson 2

Webページを保存する（Webクリップ）

インターネットでの情報収集は、いまやスタンダードになりました。SNSを始め、ブログやニュースサイトなど、インターネットを介して興味のある情報をインプットする場面は多いでしょう。

ただ、書籍と異なり、Webの情報はもう一度見たいと思っても再度探すのが難しいのが現状です。直近の閲覧であれば履歴から探せますが、時間が経過すればするほど、削除や非公開化などにより再度探す難易度は上がります。

そのため、気になったWebページは、読み返せるよう手元に保存（クリップ）するのがおすすめ。保存先としてNotionを活用しましょう。

「ホンダに使われる」ではなく、会社を「夢かなえる場」として使う：日経xwoman
保存日
2023年9月28日 13:19
URL
https://woman.nikkei.com/atcl/column/21/052600082/090500025/
プロパティを追加する
コメントを追加...
女性役員に聞く
Diversity
&Inclusion
長い間、自動車を含む製造業は男性中心に発展してきた業界です。ホンダの取締役、鈴木麻子さんは「仕事を通して自分の夢を実現させる人の分母を広げるということの一つが、女性の活躍だと捉えています」と話します。女性のキャリアやSTEM（ステム）人材育成の必要性などについて聞きました。

例　Webページを Notionに保存した画面

Notionは、個人向けの無料プランでもページ数の上限がなく、Webページを無制限に保存できます。また、コメントやハイライトで感想を追記して、自分だけのアイデアノートとしても使えます。

「後で読もう」と気軽に保存していくと、自分が何に興味を持っているのかが見えてきます。他人やアルゴリズムのおすすめではない、自分だけの興味や関心を詰めた保管庫を作りましょう。

情報を保存するデータベースを作る

まずは、Webページの保存先として使うデータベースを新規作成します。階層構造で単独のページを増やしていくこともできますが、保存日やURLの情報をプロパティとして保存したい場合は、データベースで保存すると便利です。

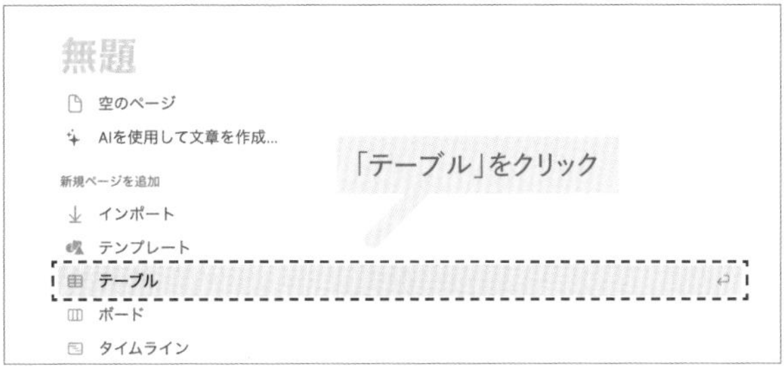

画像1 新規ページにテーブルを作成する

画像2 新しいデータベースを選択する

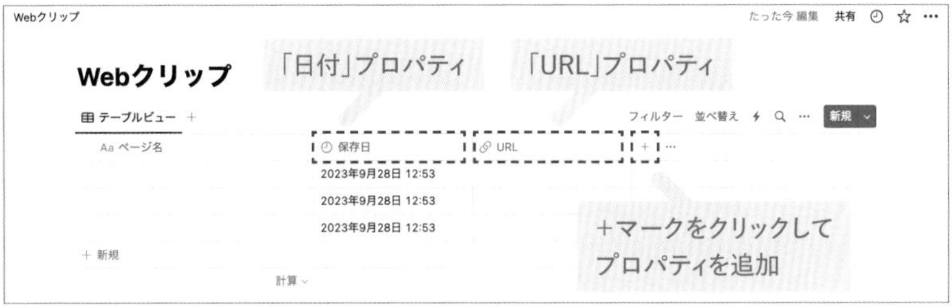

画像3 保存日・URLのプロパティを追加したデータベース

Webページを保存する（PC）

PCで使うブラウザに拡張機能をインストールして、Webページを保存します。拡張機能のインストール方法は、各ブラウザで方法が異なります。

表1 Webページを保存できるブラウザ拡張機能の例

拡張機能名	対応ブラウザ
Notion Web Clipper	Google Chrome、Firefox、Safari
Save to Notion	Google Chrome、Firefox

注釈やハイライトを追加する

保存したWebページには、必要に応じてコメントで注釈や感想を追加する、感銘を受けた一文に色をつけるなど手を加えられます。

テキストやブロックを選択してコメントを追加する場合は、特定の一節や段落を対象に、自分の感想やアイデアを追加します。

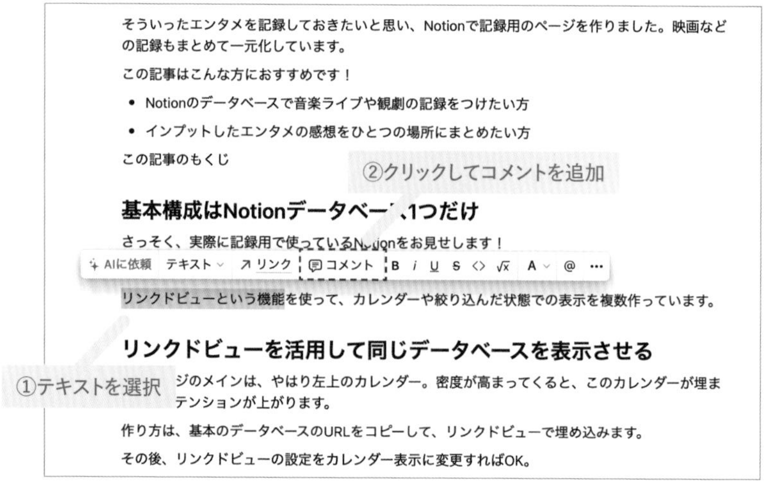
そういったエンタメを記録しておきたいと思い、Notionで記録用のページを作りました。映画などの記録もまとめて一元化しています。
この記事はこんな方におすすめです！
Notionのデータベースで音楽ライブや観劇の記録をつけたい方
インプットしたエンタメの感想をひとつの場所にまとめたい方
この記事のもくじ
②クリックしてコメントを追加
基本構成はNotionデータベー
1つだけ
さっそく、実際に記録用で使っている
onをお見せします！
AIに依頼
テキスト
リンク
コメント
B i U S <> √x A @ ···
リンクドビューという機能を使って、カレンダーや絞り込んだ状態での表示を複数作っています。
リンクドビューを活用して同じデータベースを表示させる
①テキストを選択
ジのメインは、やはり左上のカレンダー。密度が高まってくると、このカレンダーが埋ま
テンションが上がります。
作り方は、基本のデータベースのURLをコピーして、リンクドビューで埋め込みます。
その後、リンクドビューの設定をカレンダー表示に変更すればOK。

画像4 テキスト選択時に表示されるコメント入力などのメニュー

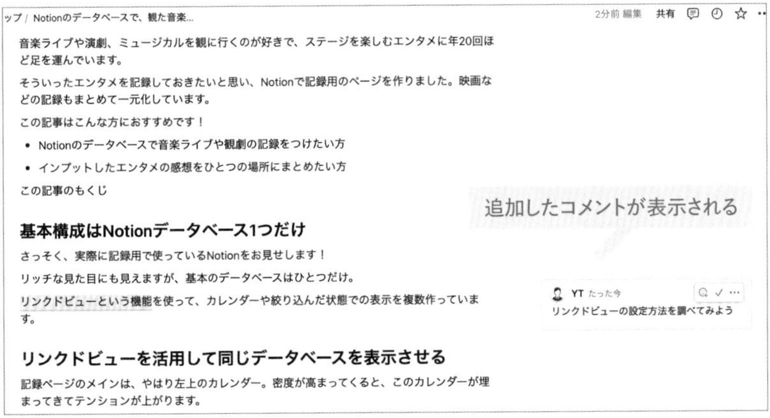
ップ / Notionのデータベースで、観た音楽...
2分前 編集 共有
音楽ライブや演劇、ミュージカルを観に行くのが好きで、ステージを楽しむエンタメに年20回ほど足を運んでいます。
そういったエンタメを記録しておきたいと思い、Notionで記録用のページを作りました。映画などの記録もまとめて一元化しています。
この記事はこんな方におすすめです！
Notionのデータベースで音楽ライブや観劇の記録をつけたい方
インプットしたエンタメの感想をひとつの場所にまとめたい方
この記事のもくじ
追加したコメントが表示される
基本構成はNotionデータベース1つだけ
さっそく、実際に記録用で使っているNotionをお見せします！
リッチな見た目にも見えますが、基本のデータベースはひとつだけ。
リンクドビューという機能を使って、カレンダーや絞り込んだ状態での表示を複数作っています。
YT たった今
リンクドビューの設定方法を調べてみよう
リンクドビューを活用して同じデータベースを表示させる
記録ページのメインは、やはり左上のカレンダー。密度が高まってくると、このカレンダーが埋まってきてテンションが上がります。

画像5 Notionページ内のテキストに追加されたコメント

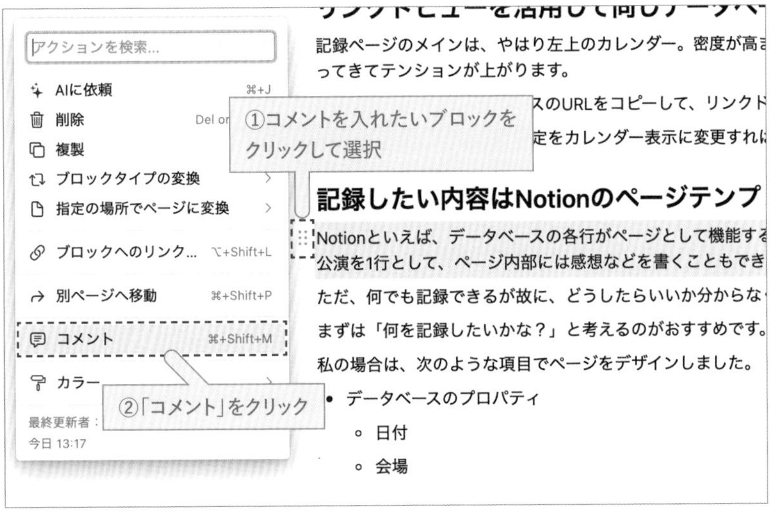
アクションを検索...
AIに依頼 ⌘+J
削除 Del
複製
ブロックタイプの変換
指定の場所でページに変換
ブロックへのリンク... ⌥+Shift+L
別ページへ移動 ⌘+Shift+P
コメント ⌘+Shift+M
カラー
最終更新者：
今日 13:17
①コメントを入れたいブロックをクリックして選択
②「コメント」をクリック
記録ページのメインは、やはり左上のカレンダー。密度が高まってきてテンションが上がります。
記録したい内容はNotionのページテンプ
Notionといえば、データベースの各行がページとして機能する
公演を1行として、ページ内部には感想などを書くこともでき
ただ、何でも記録できるが故に、どうしたらいいか分からな
まずは「何を記録したいかな？」と考えるのがおすすめです。
私の場合は、次のような項目でページをデザインしました。
データベースのプロパティ
日付
会場

画像6 ブロック全体にコメントを入力する

ページ全体に対してのコメントを追加する場合は、プロパティ下部のコメント欄を使います。

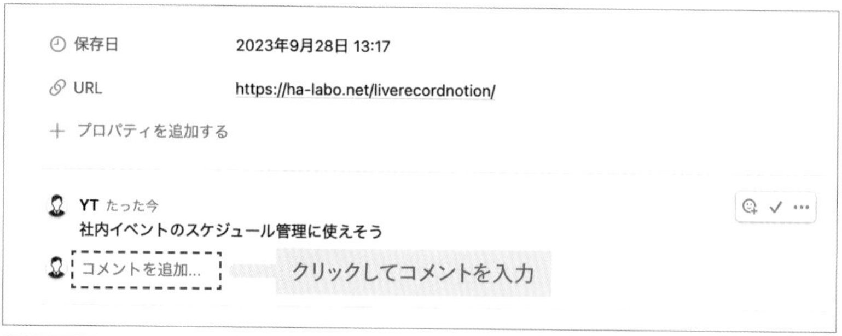
保存日
2023年9月28日 13:17
URL
https://ha-labo.net/liverecordnotion/
プロパティを追加する
YT たった今
社内イベントのスケジュール管理に使えそう
コメントを追加...
クリックしてコメントを入力

画像7 Notionのページに対してコメントを追加する

コメントを入れる必要はないけれど、テキストやブロックをハイライトしたいときは、テキストやブロックを選択し「文字色」メニューで文字の色や背景色を変更します。

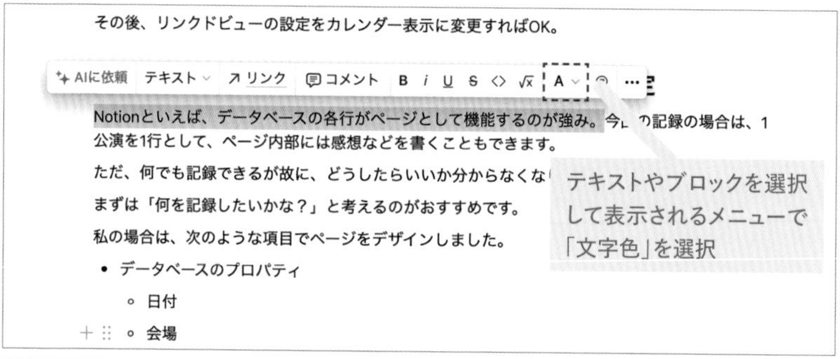
その後、リンクドビューの設定をカレンダー表示に変更すればOK。
AIに依頼
テキスト
リンク
コメント
Notionといえば、データベースの各行がページとして機能するのが強み。
の記録の場合は、1
公演を1行として、ページ内部には感想などを書くこともできます。
ただ、何でも記録できるが故に、どうしたらいいか分からなくな
まずは「何を記録したいかな？」と考えるのがおすすめです。
私の場合は、次のような項目でページをデザインしました。
データベースのプロパティ
日付
会場
テキストやブロックを選択して表示されるメニューで「文字色」を選択

画像8 テキスト選択時のメニュー表示

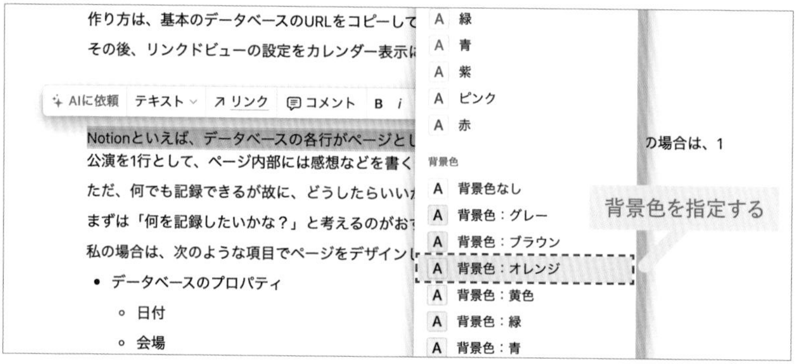
作り方は、基本のデータベースのURLをコピーして
その後、リンクドビューの設定をカレンダー表示
AIに依頼
テキスト
リンク
コメント
緑
青
紫
ピンク
赤
Notionといえば、データベースの各行がページとし
の場合は、1
公演を1行として、ページ内部には感想などを書く
ただ、何でも記録できるが故に、どうしたらいい
まずは「何を記録したいかな？」と考えるのがお
私の場合は、次のような項目でページをデザイン
データベースのプロパティ
日付
会場
背景色
背景色なし
背景色：グレー
背景色：ブラウン
背景色：オレンジ
背景色：黄色
背景色：緑
背景色：青
背景色を指定する

画像9 文字の背景色変更でテキストをハイライトする

保存したWebページを分類するためのプロパティ例

保存したWebページが増えるにつれ、検索性が下がり、後から見返すときに不便になる可能性もあります。分類やタグなどのプロパティを追加して、後の検索性を高めておきましょう。

どのような分類やタグにするかはさまざまですが、次のようなパターンが考えられます。

表2 Webページ用のデータベースで使うプロパティの例

項目例	Notionのプロパティ
保存した日	作成日
更新した日	更新日
未読/既読チェック	チェックボックス or セレクト
お気に入り	チェックボックス
カテゴリ	セレクト or マルチセレクト

COLUMN

本書では、ドキュメント作成のWebアプリとしてNotionを紹介しましたが、「本当にドキュメント作成アプリなのか？」と感じる場面が多々あります。データベースのプロパティを設定する際などは、文書作成に留まらないNotionの機能性を強く実感します。

そんなNotionの活用においては、最初から完璧を目指さないことが重要です。機能を活かしてすごいページやデータベースを作ろう！と意気込むと高確率で頓挫します。

データベースの設計がうまくいかないときは「まずはドキュメントの蓄積だけやる！」と割り切るのもひとつの判断。小さく始めて「これができるならあれもできるかも」と少しずつ拡充していくのがおすすめです。

Notionはサグラダ・ファミリアのようなものと思って、継続的にメンテナンスしながら使いやすい形に整えていきましょう。

Lesson 3

依頼されたタスクを管理する

段取りよく、余裕を持って効率よく仕事を進めたい。優先順位を常に管理しながら、自分が進めるべき仕事と同僚から依頼された仕事をうまく切り分けてスマートに定時退社したい。できる社会人のイメージです。

しかし、現実はそんなわけにはいきません。急に差し込まれる割り込みタスク、五月雨の依頼、二転三転する要件、リマインドされて気づき、焦って対応することになる週初のタスク……。

とくに、割り込みで依頼されたタスクの取り扱いは社会人共通の課題です。集中しているときに話しかけられ、取り急ぎ手元にある裏紙に内容をメモするも、一度途切れた集中力は戻ってきません。そして、雑に書いてしまったせいで要件や対応期限がはっきりせず、再度聞きに行くなんて事態は目もあてられません。

集中力を取り戻すのは難しくとも、依頼されたタスクの取り扱いは、Webアプリの機能を活用する大事なポイントです。本書にもタスク管理の話題は何度か登場しますが、ここではNotionを使ったボード形式でのタスク管理を紹介します。

Notionに限らず、Webアプリは「同じ機能・似た機能」が数多く存在します。このレッスンではNotionでの紹介ですが、Trelloや他のWebアプリでも構築時の原理原則は同じです。自分自身が使いやすいWebアプリを手に取り、やり方を参考にしてみてください。

タスク管理用のテンプレートをダウンロードする

Notionの公式Webサイトには、数千件のテンプレートが公開されています(2023年11月現在)。Notion公式が製作したテンプレートに加え、世界中の個人クリエイターが製作したテンプレートもあります。

プロモーションやエンジニアといった各職種に特化した様式や、チームや個人の仕事に活かせる様式、またプロジェクトや目標を管理するテンプレートも多数配布されています。個人利用を目的とした、趣味や健康に関連するテンプレートもあります。

Notionで情報を整理する際に「どんなページやデータベースを構築すればいいのだろう？」と疑問を覚えたら、まずはテンプレートを探してみるのも一手です。個人作成の一部テンプレートは有料配布ですが、無料配布のテンプレートが圧倒的に多数で、Notionのワークスペースに気軽にインポートして試せます。

画像1 Notionのテンプレート検索画面のトップページ

今回はNotionが公式で配布しているテンプレートを使って、タスクを管理するための箱を作ります。

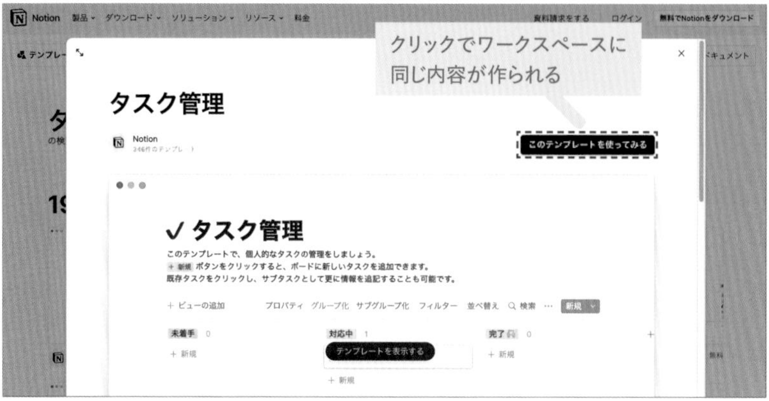

画像2 タスク管理のテンプレートを自分のワークスペースに追加する

タスク管理に必要なプロパティを設定する

テンプレートをインポートすると、自分のワークスペースに新しいデータベースが作成されます。もちろんそのままでも使えますが、必要に応じてプロパティを追加しましょう。

タスク管理の際に必要となるプロパティの例

- ステータス（未着手／着手中／確認待ち／完了）
- 依頼者
- 作成日
- 更新日
- 対応期限・締め切り

プロパティの追加方法はいくつかパターンがありますが、各タスクのページから追加すると分かりやすいです。ページのプロパティ下部にある「プロパティを追加する」を選択して、必要な項目を追加します。

画像3 Notionのページから必要なプロパティを追加する

データベースにビュー（見せ方）を追加する

Notionのデータベースでは、6つのビュー（見せ方）のいずれかを選択します。また、必要に応じてビューを変更するだけでなく、新しいビューを複数追加し、同じデータを違う表示方法で参照できます。

表 Notionのビューと特徴

ビュー名	特徴
テーブル	表形式であらゆるプロパティを表示
ボード	ステータスごとにタスクを一覧表示する
タイムライン	長期間のプロジェクト向きのガントチャート
カレンダー	月間または週間カレンダーでの表示
リスト	メモなどに適したシンプルな箇条書き
ギャラリー	ページにアップロードした画像を一覧表示する

今回の例で使用したテンプレートはボードビューを使っていますが、データベースの表示設定を変更し、テーブルビューを追加します。

画像4 データベースに新規ビューを追加する

画像5 データベースに追加されたビュー

実際のタスク登録～完了までの流れ

では、実際にこのデータベースを使い、タスクを登録～完了までの流れを見てみましょう。タスクを依頼されたときは、新しいページを作成します。

画像6 新規タスクを作成する

タスクに着手したら、タスクのステータスを未着手から着手中に変更します。ページ内のプロパティを変更する、またはボードビューの画面でページをドラッグ&ドロップしても同様にステータスが変わります。対応が完了したタスクは、着手中のステータス遷移と同様に、完了に変更します。

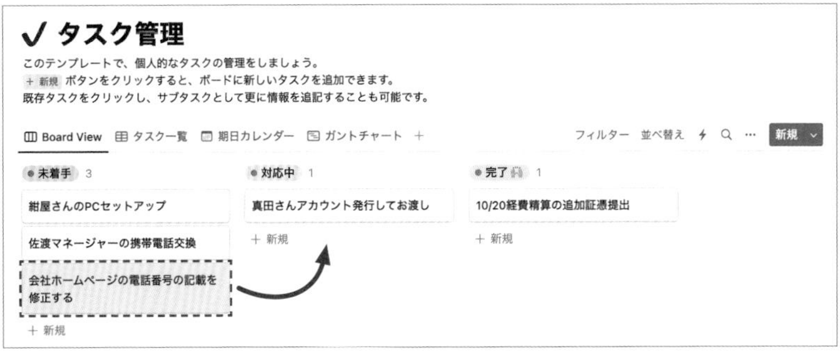

✓ タスク管理
このテンプレートで、個人的なタスクの管理をしましょう。
+ 新規 ボタンをクリックすると、ボードに新しいタスクを追加できます。
既存タスクをクリックし、サブタスクとして更に情報を追記することも可能です。
Board View
タスク一覧
期日カレンダー
ガントチャート
フィルター
並べ替え
新規
未着手 3
紺屋さんのPCセットアップ
佐渡マネージャーの携帯電話交換
会社ホームページの電話番号の記載を修正する
+ 新規
対応中 1
真田さんアカウント発行してお渡し
+ 新規
完了 1
10/20経費精算の追加証憑提出
+ 新規

画像7 ドラッグ&ドロップでタスクのステータスを変更する

また、タスク対応中の作業メモや懸念点は、直接ページ内に記述すると便利です。

ステータス
対応中
タスクのステータスを変更する
作成日
2023年10月20日 13:45
依頼者
マーケ
対応期限
2023年10月27日
+ プロパティを追加する
コメントを追加...
依頼背景
• マーケ担当の方から会社ホームページのリクルートページ内・会社概要に記載の電話番号が移転前の番号だと連絡あり
• 修正が必要&他ページも同様に古い番号の可能性があるので調べる
懸念事項
• ホームページを修正する権限をチーム内で誰も持っていない
◦ システム部門に担当者がいるはずなので確認する
タスク対応中の作業メモなどを記述する

画像8 各タスクのページ内に詳細を記述する

Lesson 4

会議の議事録をまとめる

会社の仕事や副業のプロジェクトを進めていると、必ず会議やミーティングに出席します。指示がなくても、議論の概要や決定事項を記録する機会は多いでしょう。

ただ、会議やミーティングが終了した後に議事録を書き始めるのはややスピード感に欠けます。会議の内容を思い出す手間が発生するだけでなく、先方に内容を確認してもらう頃には相手の記憶も薄れ始めています。最悪のケースだと、言った言わないの押し問答にもなりかねません。

会議前に議題や懸念事項、話すべき点などをまとめておき、ミーティング中に議論や決定事項を追記・加筆して議事録を完成させると効率もよくスムーズです。終了と同時に完成する議事録があれば、関係者全員の記憶が新鮮なうちにアクションなどをまとめられます。

自由にフォーマットを設定できるNotionページは、議事録の事前作成にも有効です。

あらかじめテンプレートを作成しておく、議事録をひとつのデータベースにまとめて検索しやすい状態を維持する、ミーティング中に発生したタスクをコメントに追記して確実に対応する……など、使い道はさまざま。他のレッスンの内容も参照しながら、扱いやすい議事録データベースを作っていきましょう。

議事録用のデータベースを作成する

まずは、会議の議事録をまとめるデータベースをNotionに作成します。

どんな分類でデータベースを作るかはNotionユーザーの間でも意見が分かれるところですが、プロパティやフィルター、ビューを駆使して見せ方をコントロールすれば、**違うプロジェクトの議事録であってもひとつのデータベースにまとめられます**。

閲覧権限が必須の情報でなければ、すべての会議の議事録を同じデータベースにまとめてもよいでしょう。

データベースを作成したら、議事録の分類に使うプロパティをあらかじめ設定します。

画像1 新規データベースに議事録を分類するプロパティを追加する

定例ミーティング用のテンプレートを設定する

定例ミーティングなど、あらかじめ議題や進行が決まっている会議では、Notionのテンプレート機能が役立ちます。

議題に合わせたテンプレートを複数登録したのち、テンプレートごとに繰り返しタイミングを設定し、議事録の新規作成を自動化しましょう。

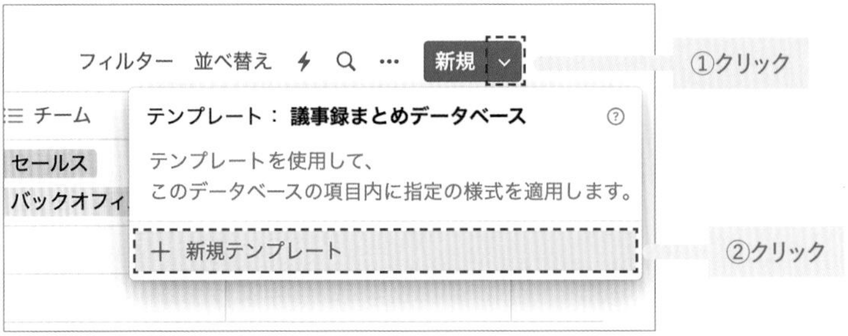

画像2　Notionのデータベースにテンプレートを登録する

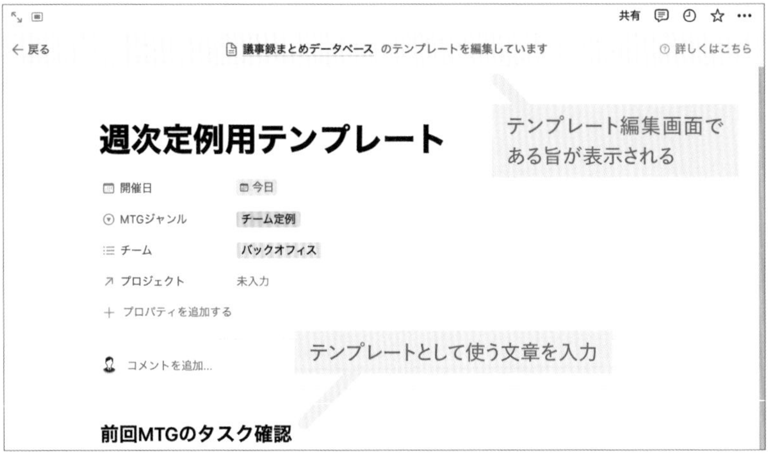

画像3　テンプレート作成時のページ

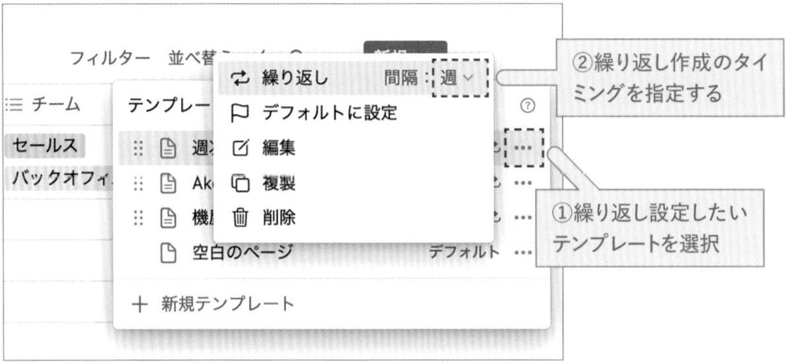

画像4　テンプレートに繰り返し作成の設定を追加する

ページにコメントを追記する

Notionのコメント機能を使って、特定のテキストや段落にコメントを追加します。後から確認したい事項のメモや、議論の流れを邪魔したくないときのコメントなどに使うと便利です。要領はLesson2と同様です。

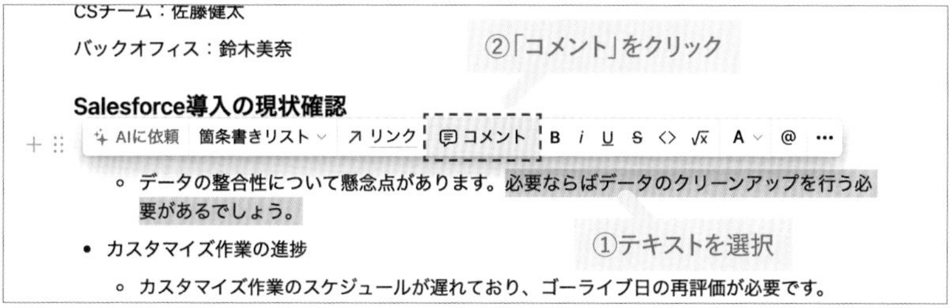
CSチーム：佐藤健太
バックオフィス：鈴木美奈
②「コメント」をクリック
Salesforce導入の現状確認
AIに依頼
箇条書きリスト
リンク
コメント
B i U S <> √x A @ …
データの整合性について懸念点があります。必要ならばデータのクリーンアップを行う必要があるでしょう。
カスタマイズ作業の進捗
①テキストを選択
カスタマイズ作業のスケジュールが遅れており、ゴーライブ日の再評価が必要です。

画像5 ページ内のテキストを指定してコメントを追加する

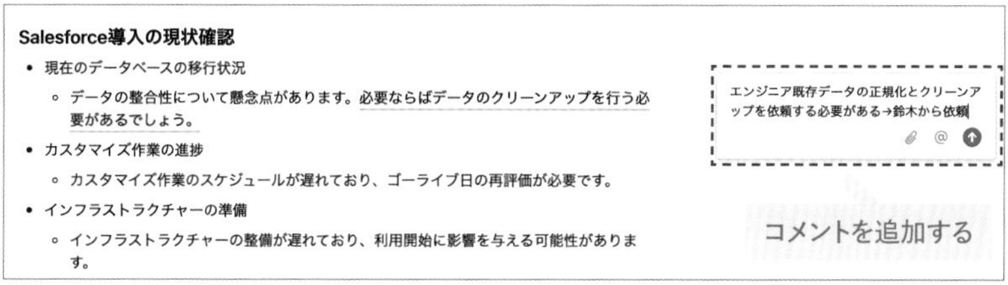
Salesforce導入の現状確認
現在のデータベースの移行状況
データの整合性について懸念点があります。必要ならばデータのクリーンアップを行う必要があるでしょう。
カスタマイズ作業の進捗
カスタマイズ作業のスケジュールが遅れており、ゴーライブ日の再評価が必要です。
インフラストラクチャーの準備
インフラストラクチャーの整備が遅れており、利用開始に影響を与える可能性があります。
エンジニア既存データの正規化とクリーンアップを依頼する必要がある→鈴木から依頼
コメントを追加する

画像6 テキストへのコメント追加画面

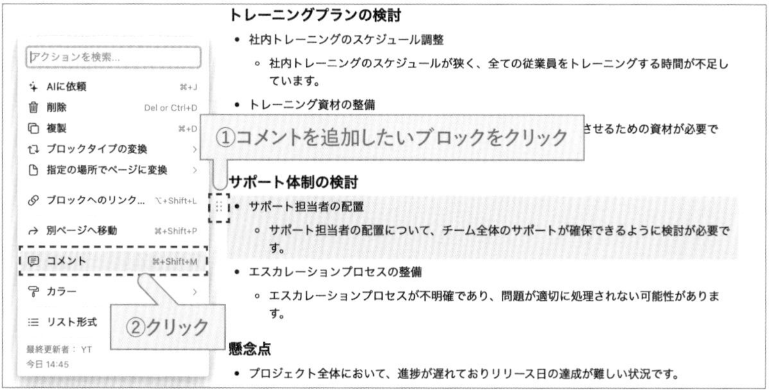
トレーニングプランの検討
社内トレーニングのスケジュール調整
社内トレーニングのスケジュールが狭く、全ての従業員をトレーニングする時間が不足しています。
トレーニング資材の整備
させるための資材が必要で
アクションを検索...
AIに依頼 ⌘+J
削除 Del or Ctrl+D
複製 ⌘+D
ブロックタイプの変換
指定の場所でページに変換
ブロックへのリンク... ⌥+Shift+L
別ページへ移動 ⌘+Shift+P
コメント ⌘+Shift+M
カラー
リスト形式
最終更新者：YT
今日 14:45
①コメントを追加したいブロックをクリック
サポート体制の検討
サポート担当者の配置
サポート担当者の配置について、チーム全体のサポートが確保できるように検討が必要です。
エスカレーションプロセスの整備
エスカレーションプロセスが不明確であり、問題が適切に処理されない可能性があります。
②クリック
懸念点
プロジェクト全体において、進捗が遅れておりリリース日の達成が難しい状況です。

画像7 ページ内のブロックを指定してコメントを追記する

ページ全体に対してのコメントは、プロパティ下部のコメント欄を使います。

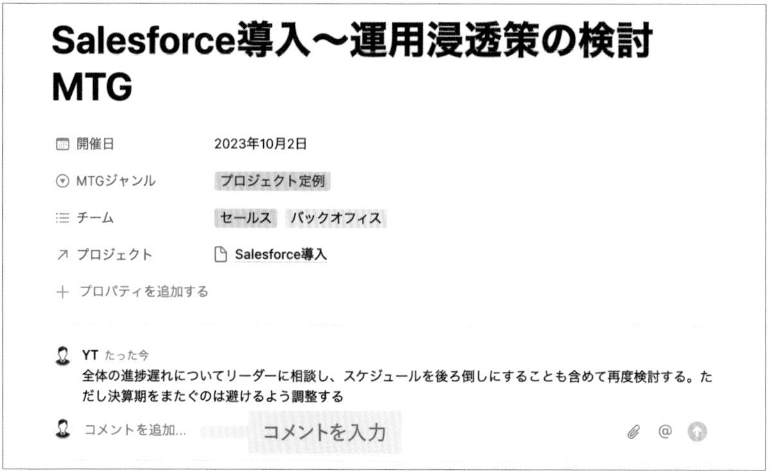

画像8 Notionのページ全体に対してコメントを追加する

同じページに議題のテンプレートを追加する

1on1や短時間の朝会などは、1ページに議事録を追記していく運用も考えられます。同じページ内にテンプレートを追記する際は、Notionのボタン機能を利用し、1クリックでテンプレート用のブロックを挿入するとスムーズです。

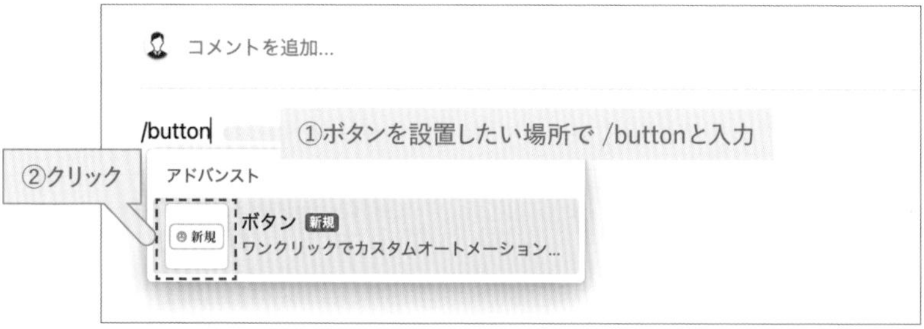

画像9 Notionページ内にボタンを設置する

画像10 「ブロックを挿入する」を選択し、必要な項目を設定する

画像11 ボタンにより挿入されたブロック

プロパティやテンプレートを変更するときの設定

議事録に限らずNotionのデータベースを利用していると、プロパティやテンプレートを調整する必要が生じる場面があります。追加で記録したい項目がある、不要な項目がある、テンプレートを変更したいなど要件はさまざまです。

その場合は、過去のデータを遡って修正しないことを前提に、次のような対応を行うのがおすすめです。

表1 プロパティやテンプレートの設定変更

プロパティ	新しいプロパティを作成し、旧プロパティは「非表示」にする。削除はしない
ページ内の項目	テンプレートを変更し、特定の日を境に新しいテンプレートで書き始める

既存のプロパティの値を修正するのも選択肢のひとつですが、過去に入力したデータと今後のデータの定義が異なる場合、同じ項目を使い回すと、集計やフィルターがうまく機能しなくなる可能性があります。そのため、運用ルールが変わったプロパティを非表示にして、新しいプロパティを作成する方法を推奨します。

新しいプロパティの設定後は、データベースのビューで表示させる項目を再設定します。

画像12 データベースのビューでプロパティの表示・非表示を変更する

ページに表示されるプロパティも、同様に表示・非表示を設定します。「未入力時は非表示にする」に設定しておくと、過去のページでは過去のプロパティ、新しいページは新しいプロパティがそれぞれ表示されます。

表2 データベース内のページにおけるプロパティ表示設定

常に表示する	入力・未入力にかかわらず表示状態になる
未入力時は非表示にする	値が入力されているときは表示されるが、未入力のときは非表示
常に非表示にする	入力・未入力にかかわらず表示されない

画像13 データベース内のページにおけるプロパティの表示設定

COLUMN

テキストの装飾方法に「Markdown（マークダウン）記法」という書き方があります。決められたルールに従って文字を入力すると、箇条書きや強調表示、見出しなどを文章に追加できます。# の後にスペースを入れると見出し行になる、** で文章を囲むと強調される等、共通するルールが定められています。

Notionを含めたいくつかのWebアプリでMarkdown記法が使えるため、覚えておくと便利です。

Lesson 5

業務の手順書を作る

チームメンバーに業務の手順を説明する際、マニュアルがあったら便利ですよね。引き継ぎもスムーズに進められます。

ただ、「チームメンバーに業務を引き継ぐ」と言うとよくあるケースですが、必ずしも予定された引き継ぎだけとは限りません。

怪我や病気で自分が突然働けなくなる、急に異動や転勤が決まり引き継ぎの時間が十分に取れない、引き継ぎしようにも相手の時間をなかなか押さえられない……といった事態も起こり得ます。

いつ何が起こっても他の人に仕事を渡せるよう、業務の手順書を平常時のうちに準備しておく。そんな備えもNotionで対応できます。

平常時の業務手順書の作成は、もちろん有事に備える側面もありますが、いざ作成してみると意外と明確なルールがなかったり、自分の感覚だけで作業を進めていたりと、手順を書くのが難しい箇所がいくつもあると気づくでしょう。

自分だけの勘に頼る部分を排除するきっかけとして、誰でも定常業務を遂行できるように手順書を作ってみるのもおすすめです。

情報をまとめるトップページを作る

Notionは自由にページを増やせますが、どんな階層にするかを頭の片隅で意識しておくと作成がスムーズです。業務の手順書を作るなら、トップページとなるページをひとつ作成し、配下に子ページを追加していくと分かりやすい構成になります。

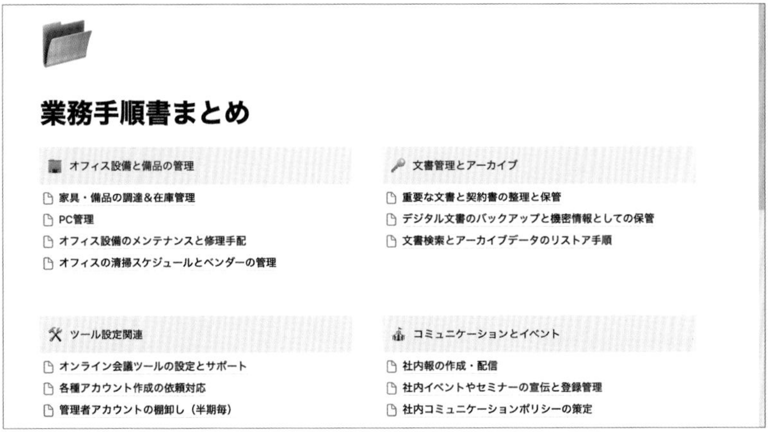

画像1 各種手順書のをまとめるトップページのイメージ

新しい子ページを作る際は、任意の場所で「/page」と入力すると、新しいページを作成するメニューが表示されます。

Notionのページ上でスラッシュ（/）を入力すると、ブロックを挿入するメニューが呼び出されるので覚えておくと便利です。

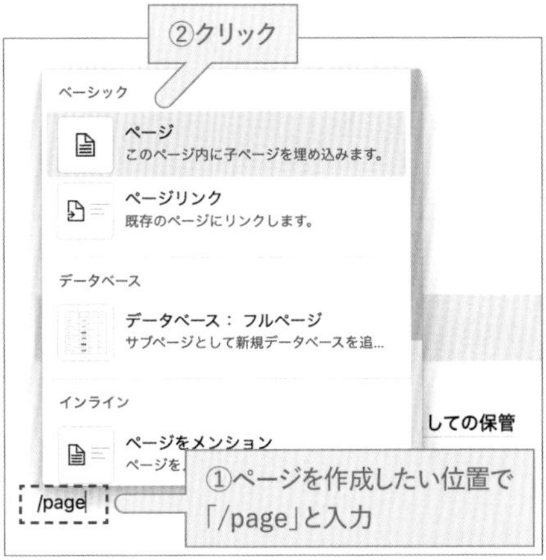

画像2 任意の位置で新しいページを作成する

また、情報をまとめるトップページを作る際は、視覚的に分かりやすく整理しておくと後から見たときに便利です。トップページの整理には、以下のブロックや装飾を使うとスマートにまとまります。

表 トップページの設定に使えるNotionブロックや装飾

ブロックや装飾の種類	用途	設定方法
コールアウトブロック	注意書きなど	/callout と入力
ブロックの背景色を設定	見出し・強調表示	ブロックを選択して カラー設定
引用ブロック＋文字色設定	見出し・カテゴリ分け	/quote と入力
ブロックを横に並べる	2列での表示	ドラッグ＆ドロップ

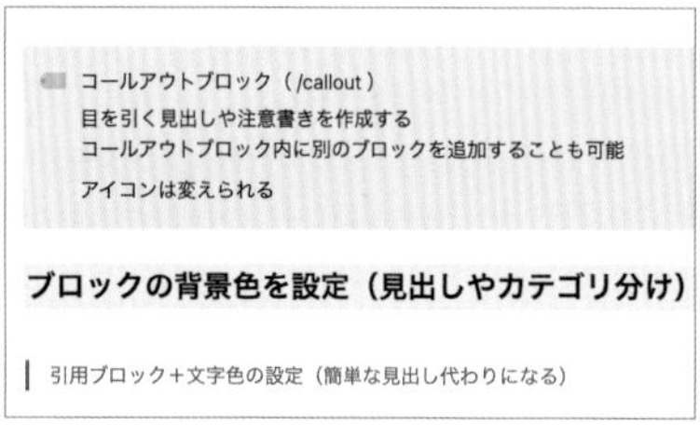

画像3 装飾に使えるNotionブロック

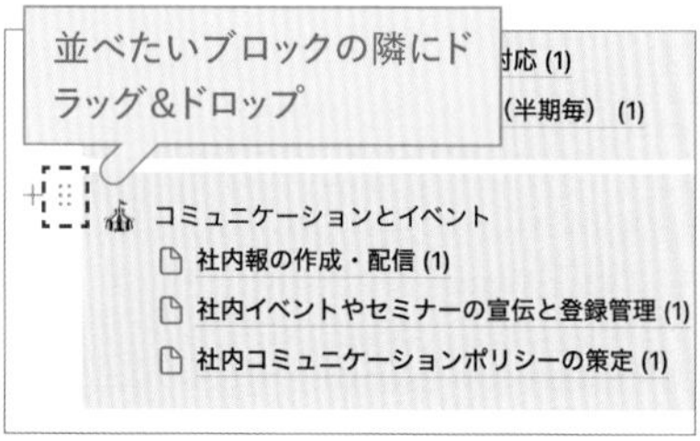

画像4 ブロックを横に並べる

画像5 2列で表示されたブロック

他ページへのリンクを貼る

手順書の数が増えてくると、参考リンクとして関連する作業のページを貼りたい場面が出てきますが、ここでもNotionの機能が役立ちます。

Notionの各ページには一意のURLが設定されています。ブラウザでURL

をコピーするか、アプリ右上のメニューから「リンクをコピー」でURLを取得して他のページに貼り付ければ、Notion内の他ページへのリンクは完成です。一般的なWebページとは異なり、ページの場所を移動してもURLは変わらないため、リンク切れの心配もありません。

また、NotionページのURLをNotionに貼り付けると、リンクの貼り方の選択画面が表示されます。細かい仕様は異なりますが、他の手順書へのリンクであれば「ページをメンションする」か「ページリンクを作成」を使うのがおすすめです。ページ名が自動で表示されます。

「URLをそのまま貼り付ける」以外の2つでリンクを貼ると、アクセス権限のないページのURLは「アクセス不可」と表示されます。

家具・備品の調達&在庫管理
ページのリンク方法を選択する
https://www.notion.so/yuhworkspace/PC-354aff6005ea4941981afde65070dae7?pvs=4
作業手順
1. 従業員からの購入リクエストはWebの「備品依頼フォーム」で受け付けます。
2. リクエストは直属のチームリーダーの承認を得ます。
3. チームリーダーの承認後、総務リーダーの承認が必要です。
ページをメンションする
ページリンクを作成
URLをそのまま貼り付ける

画像6 NotionのURLをページに貼り付けた際の表示

同期ブロックの活用

複数のページに同じ内容を書く際、ルールや手順が変更になると、すべてのページを編集しなければなりません。どのページに同じ内容が書いてあったか検索して探すのは地味につらい作業です。

Notionには、文章や画像などのコンテンツを複数ページ間で同期する「同期ブロック」の機能があります。同期ブロック内に書いた内容を修正すれば、他のページの記載も、名前の通り同期して変更されます。

同期ブロックの設定は、同期したい箇所をブロック単位で選択してコピーしたのち、別のページに貼り付けるだけ。他のページに貼り付ける際に、同期ブロックとして貼り付けるか、通常の貼り付けかを選択します。

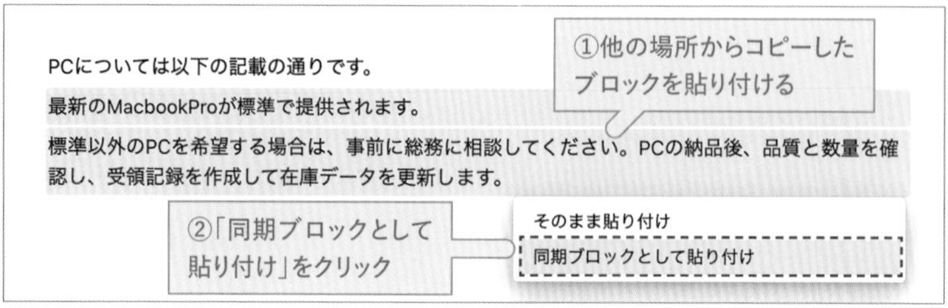
PCについては以下の記載の通りです。
最新のMacbookProが標準で提供されます。
標準以外のPCを希望する場合は、事前に総務に相談してください。PCの納品後、品質と数量を確認し、受領記録を作成して在庫データを更新します。
①他の場所からコピーしたブロックを貼り付ける
そのまま貼り付け
同期ブロックとして貼り付け
②「同期ブロックとして貼り付け」をクリック

画像7 ブロックのペーストによる同期ブロック作成

同期ブロックは赤線の四角形で囲まれ、どのページに貼り付けられているか、またオリジナルのページの所在も分かります。

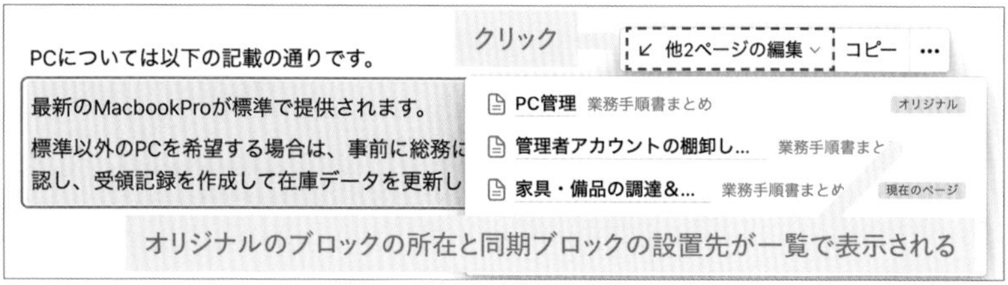
クリック
他2ページの編集
コピー
PCについては以下の記載の通りです。
最新のMacbookProが標準で提供されます。
PC管理 業務手順書まとめ オリジナル
管理者アカウントの棚卸し...
家具・備品の調達&... 業務手順書まとめ 現在のページ
オリジナルのブロックの所在と同期ブロックの設置先が一覧で表示される

画像8 同期ブロックの詳細表示

ページの階層構造を明示する

ページの階層構造が増えてきたり、双方向にリンクを貼る数が増えると、各ページの階層を意識しづらくなり、どのページに何を置けばいいか混乱しがちです。

必要に応じてページの階層を表示させ、思わぬ事故でページを移動させてしまったり、自分も含めた閲覧者が迷子になるのを防ぎましょう。

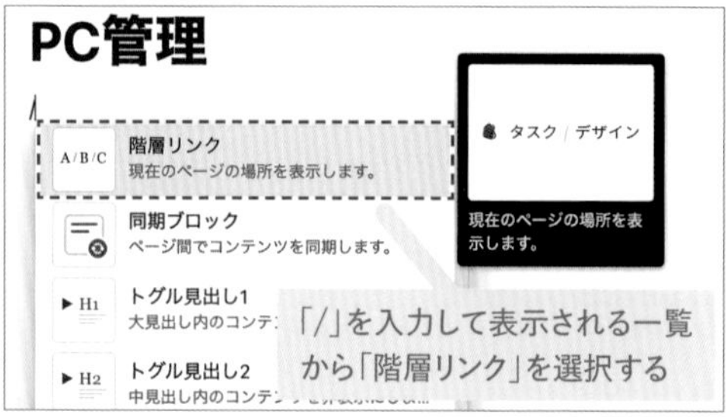
PC管理
階層リンク
現在のページの場所を表示します。
同期ブロック
ページ間でコンテンツを同期します。
トグル見出し1
トグル見出し2
タスク / デザイン
現在のページの場所を表示します。
「/」を入力して表示される一覧から「階層リンク」を選択する

画像9 階層リンクのブロックを追加する

画像10 現在どの階層のページを表示しているかが明確になる

各ワークスペースにページを移動する

Notionの各レッスンは個人での利用を前提に書いていますが、会社やチーム単位での利用では、いくつか共有範囲の設定パターンがあります。

ワークスペースに自分以外のメンバーを招待している状況であれば、サイドバーには次のような分類が表示されます。

Notionの範囲設定

プライベート ▶ 自分が作ったページ

シェア ▶ 他人が作成し、個別に共有されたページ

チームスペース ▶ チームごとに設定されたワークスペース

プライベートで作成した自分用の業務手順書をトップページごとチームスペースに移動させると、配下のページも一緒に移動します。チームメンバーにも自分用に作った手順書を閲覧してもらえる状態になります。ただし、別の場所にあるプライベートページのリンク先があると、チームメンバーは参照できません。

また、非公開で作成したページを共有する際は、公開すると都合が悪い情報がないよう注意しましょう。

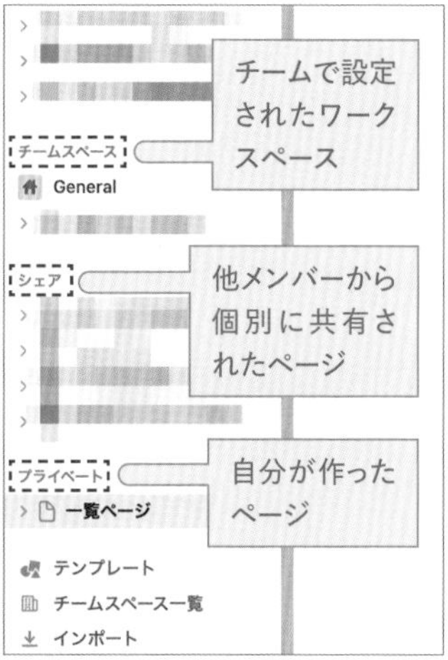

画像11 Notionのサイドバーに表示される公開範囲設定

Lesson 6

職務経歴書・ポートフォリオを作る

大手企業からスタートアップ企業への転職、副業による新しい仕事など、働き方はますます多様化しています。新卒で入社した企業に終身雇用で勤め上げる時代はいつの間にか終わり、転職や起業、独立する人の存在も比較的一般的になりました。

知り合いから声をかけられたり、趣味が思いがけず仕事に転じたりと、何がきっかけで仕事になるかは分かりません。

そんな昨今では、ぱっと目の前に現れたチャンスを掴むための準備が必要不可欠。転職や副業を考えていなくとも、職務経歴書やポートフォリオをまとめておくのは不確実性への備えになります。何より、自分の仕事を定期的に棚卸しするのは、振り返りとしても有効です。そういった職務経歴書やポートフォリオもNotionで作成できます。

職務経歴書やポートフォリオをNotionで作成すると、次のようなメリットがあります。

- 更新やレイアウト調整が比較的簡単
- ページを直接Webに公開してURL共有できる
- ページのPDF形式で出力も可能
- データベースのビューを変更して、同じ情報でも見せ方を変えられる

いざ転職活動を始める際に途方に暮れずに済む、また突然のチャンスにも慌てずに済むよう、在職中のうちに経歴をまとめておきましょう。

Notionで作る職務経歴書のイメージ

職務経歴書やポートフォリオをNotionで作るには、以下のパターンがあります。

- ゼロから新しいページを作成する
- GoogleドキュメントやWordで作ったファイルをインポートする
- Notionのテンプレートをインポートする

過去に作ったドキュメントがあるなら、インポートして形を整えるのが完成への近道です。個人利用であれば、Notionはページ作成数の上限がありません。公式のテンプレートを参照しつつ、参考になりそうな箇所を取り入れて作り上げていくのもよいでしょう。

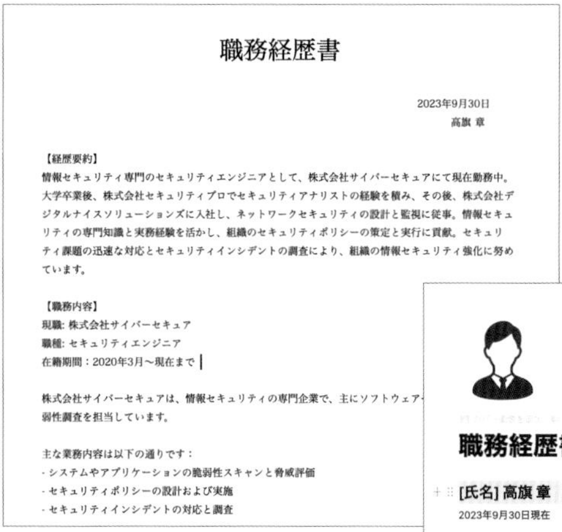

職務経歴書

2023年9月30日
高旗 章

【経歴要約】
情報セキュリティ専門のセキュリティエンジニアとして、株式会社サイバーセキュアにて現在勤務中。大学卒業後、株式会社セキュリティプロでセキュリティアナリストの経験を積み、その後、株式会社デジタルナイスソリューションズに入社し、ネットワークセキュリティの設計と監視に従事。情報セキュリティの専門知識と実務経験を活かし、組織のセキュリティポリシーの策定と実行に貢献。セキュリティ課題の迅速な対応とセキュリティインシデントの調査により、組織の情報セキュリティ強化に努めています。

【職務内容】
現職: 株式会社サイバーセキュア
職種: セキュリティエンジニア
在籍期間：2020年3月～現在まで

株式会社サイバーセキュアは、情報セキュリティの専門企業で、主にソフトウェア
弱性調査を担当しています。

主な業務内容は以下の通りです：
- システムやアプリケーションの脆弱性スキャンと脅威評価
- セキュリティポリシーの設計および実施
- セキュリティインシデントの対応と調査

画像1 Googleドキュメントの職務経歴書

職務経歴書

[氏名] 高旗 章
2023年9月30日現在

▸ 目次

経歴要約
情報セキュリティ専門のセキュリティエンジニアとして、株式会社サイバーセキュアにて勤務中。

大学卒業後、株式会社セキュリティプロでセキュリティアナリストの経験を積み、その後、株式会社デジタルナイスソリューションズに入社し、ネットワークセキュリティの設計と監視に従事。

情報セキュリティの専門知識と実務経験を活かし、組織のセキュリティポリシーの策定と実行に貢献。

セキュリティ課題の迅速な対応とセキュリティインシデントの調査により、組織の情報セキュリティ強化に努めています。

画像2 Notionページの職務経歴書

ゼロから新しいページを作る

新しくページを作る際は、必要な内容を書いていくだけです。例えNotionであっても、職務経歴書に必要な情報は通常と大きく変わりません。職務経歴書に必要な情報は本書では割愛しますが、必要な情報をNotionで見やすく表示させるための方法をいくつか紹介します。

Notionの特徴のひとつに「ブロック」の概念があります。見出しや引用、箇条書きリストなど、テキストの表示形式をブロック単位で変更する他、ページの目次の自動生成、折りたたんで表示／非表示を切り替える項目（トグル）の作成、動画や画像の埋め込みも行えます。

これらのブロックを活用し、Notionでも見やすいドキュメントを作っていきましょう。

まずはNotionにテキストでベタ打ちした職務経歴書です。

職務経歴書

2023年9月30日

高旗 章

【経歴要約】

情報セキュリティ専門のセキュリティエンジニアとして、株式会社サイバーセキュアにて現在勤務中。大学卒業後、株式会社セキュリティプロでセキュリティアナリストの経験を積み、その後、株式会社デジタルナイスソリューションズに入社し、ネットワークセキュリティの設計と監視に従事。情報セキュリティの専門知識と実務経験を活かし、組織のセキュリティポリシーの策定と実行に貢献。セキュリティ課題の迅速な対応とセキュリティインシデントの調査により、組織の情報セキュリティ強化に努めています。

【職務内容】

現職: 株式会社サイバーセキュア

職種: セキュリティエンジニア

在籍期間：2020年3月～現在まで

株式会社サイバーセキュアは、情報セキュリティの専門企業で、主にソフトウェアやネットワークの脆弱性調査を担当しています。

主な業務内容は以下の通りです：

- システムやアプリケーションの脆弱性スキャンと脅威評価
- セキュリティポリシーの設計および実施
- セキュリティインシデントの対応と調査

前職: 株式会社デジタルナイスソリューションズ

職種:セキュリティアナリスト

在籍期間：2017年9月～2020年2月

画像3 Notionの新規ページに記述した職務経歴書

このページをNotionの機能を使って見やすく修正した例を見てみましょう。

氏名や各項目の表題となる要素は、見出しブロックで設定します。Notionのページには画像をアップロードできるため、顔写真など人物が分かる画像も追加します。詳しい職務内容や取得資格といった表形式で表示したい内容は、インライン表示のデータベースを作成すると、埋め込みの表として扱うことができます。

また、テキストブロックをマウス操作で画像の右隣に移動して、顔写真と経歴概要を2列に並べました。

職務経歴書(改)
2023年9月30日現在
高旗 章（たかはた あきら）
見出し設定
セキュリティエンジニアとして、株式会社サイバーセキュアにて勤務中。
大学卒業後、株式会社セキュリティプロでセキュリティアナリストの経験を積み、その後ネットワークセキュリティの設計と監視に従事。情報セキュリティの専門知識と実務経験を活かし、組織のセキュリティポリシーの策定と実行に貢献。
課題の迅速な対応とセキュリティインシデントの調査により、組織の情報セキュリティ強化に努めています。
顔写真と経歴概要を2列で並べる
顔写真を追加する
データベースの
インライン表示
概要
職務内容
Aa 会社名
在籍期間
職種
務内容
株式会社サイバーセキュア
2020/03/01 → 2023/10/21
セキュリティエンジニア
システムやアプリケーションの脆弱性スキャンと脅威評価
・セキュリティポリシーの設計および実施
・セキュリティインシデントの対応と調査
株式会社デジタルナイスソリューションズ
2017/09/01 → 2020/02/29
セキュリティアナリスト
・セキュリティポリシーの策定と実施
・セキュリティ監査の実施
・セキュリティトレーニングの提供
株式会社セキュリティプロ
2015/04/01 →
セキュリティアナリスト
・ファイアウォールとIDS/IPSの設定と運用

画像4 Notionの機能で修正した職務経歴書

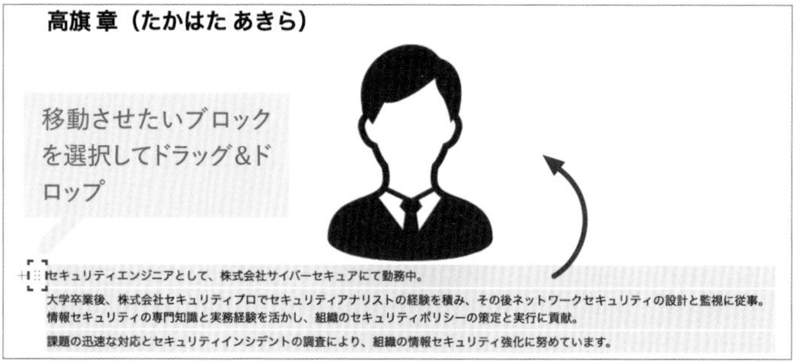

高旗 章（たかはた あきら）
移動させたいブロックを選択してドラッグ&ドロップ
セキュリティエンジニアとして、株式会社サイバーセキュアにて勤務中。
大学卒業後、株式会社セキュリティプロでセキュリティアナリストの経験を積み、その後ネットワークセキュリティの設計と監視に従事。情報セキュリティの専門知識と実務経験を活かし、組織のセキュリティポリシーの策定と実行に貢献。
課題の迅速な対応とセキュリティインシデントの調査により、組織の情報セキュリティ強化に努めています。

画像5 Notionページ内で情報を2列で表示させる

Googleドキュメントや Wordで作成したファイルをインポートする

過去に作成した職務経歴書やポートフォリオが手元にあるなら、一度インポートしたのち修正を加えると、作業時間の短縮につながります。

Googleドキュメントは、一度Wordファイルの形式でダウンロードしたのち、WordファイルとしてNotionにインポートします。

ポートフォリオサイトのHTMLファイルがある、また他社WebアプリにHTMLファイル形式でのダウンロード機能がある場合は、HTMLファイルをインポートして情報を読み込みます。ただ、レイアウトはNotionの制約を受けてしまうため、同じレイアウトを完全には再現できません。

Notionへのインポートは、サイドバー下部の「インポート」メニューから行います。インポートしたページは、Notionワークスペースの一番上の階層に新しいページとして読み込まれます。配置したい階層にドラッグ&ドロップで移動させましょう。

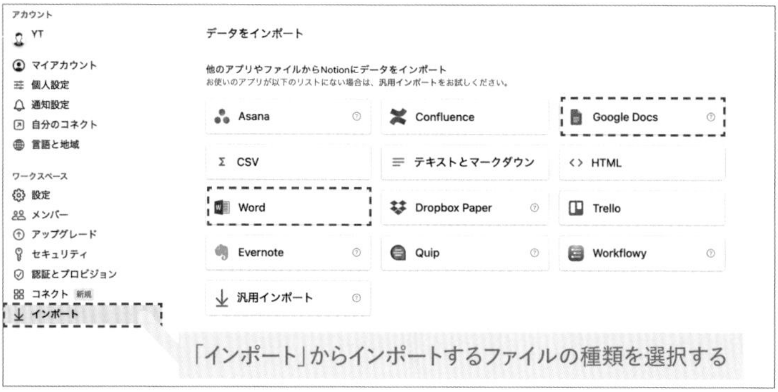

画像6 ▶ Notionにデータをインポートする

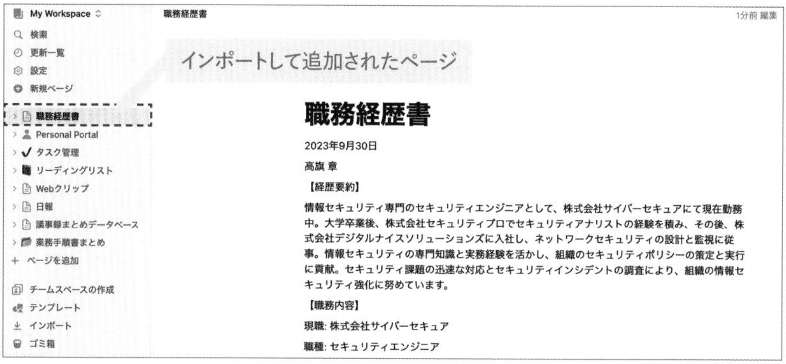

画像7 インポート後のNotionページ

Notion公式のテンプレートをインポートする（ポートフォリオ）

タスク管理のレッスンでもNotionのテンプレート活用を紹介しましたが、Webサイトだけでなく、Notionのサイドバーからもテンプレートを検索できます。サイドバーのテンプレートメニューはNotionの公式テンプレートのみが検索対象となるため、個人クリエイターのテンプレートを探すときはWebサイトにアクセスしましょう。

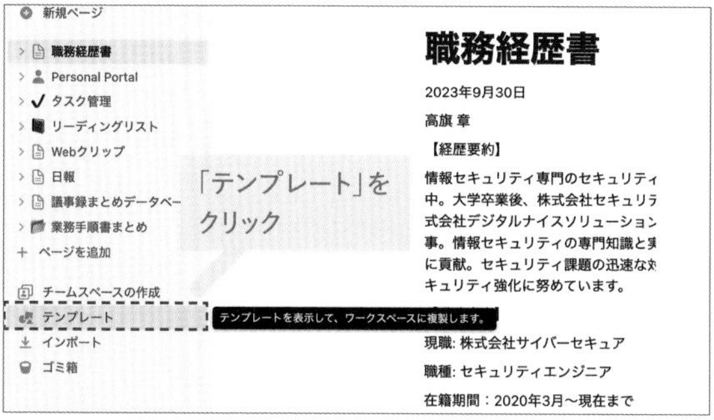

画像8 Notion画面上でテンプレートメニューを選択

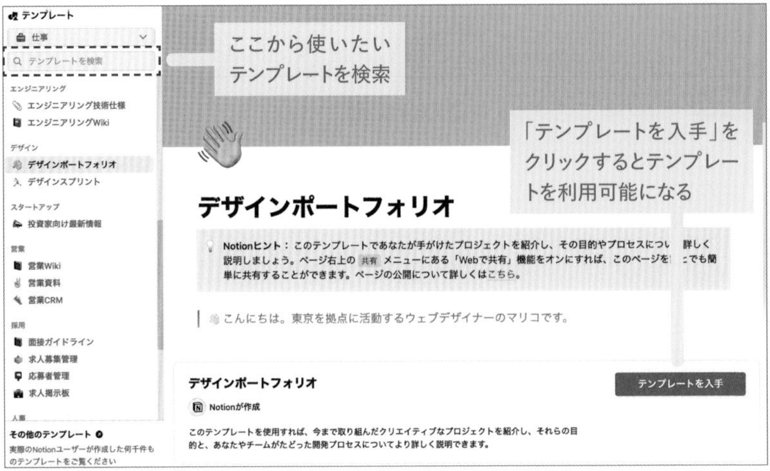

画像9　Notionのテンプレートを検索・入手する

テンプレートを検索して適用すると、ワークスペースにテンプレートページが作られます。このページに自分の作品をアップロードして、ポートフォリオを作成します。

画像10　テンプレートを読み込んだ後の新規ページ

NotionのページをWeb公開してURLを共有する

Notionの各ページは非公開での作成を前提としていますが、Web公開の設定をオンにすれば、URLを共有した相手も同じページを閲覧できます。

無料プランでは、Google検索などのインターネットでの検索結果に表示される設定は使えません。ただ、職務経歴書やポートフォリオのように特定の相手に共有したいページは、無料プランのWeb公開で十分です。

設定方法は簡単で、公開したいページにアクセスして、ページ右上の共有メニューから設定を変更します。Web公開をオンにしたページだけでなく、そのページの階層下にあるすべてのページを対象に、URLを知っている人がアクセス可能な状態になります。

画像11 NotionページのWeb公開を設定する

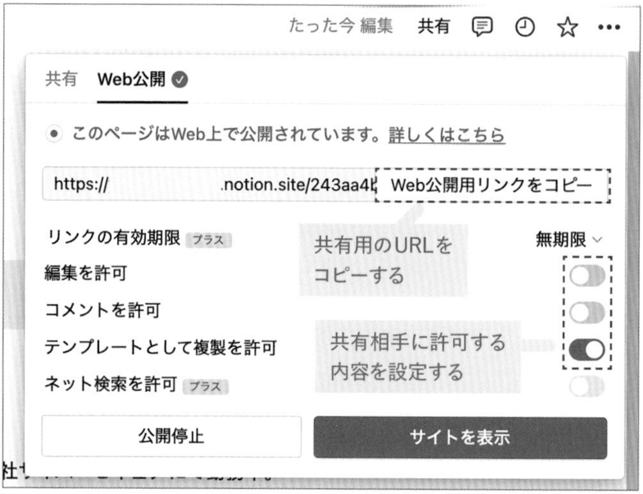

画像12 Web公開されたNotionページの設定

PDFファイルでエクスポートする

Notionページのweb公開に抵抗があるなら、PDFファイルでエクスポートして相手に共有しましょう。URL共有での公開に対してセキュリティや情報漏洩の面で不安がある、非公開の情報も含まれるため特定の相手にだけ共有したい、先方からファイルでの提出を求められた……と、利用シーンはさまざまです。

Web公開の設定では階層下のページがすべてURL共有されますが、PDFファイルでのエクスポートはページ単位です。Notion内で別ページにアクセスするリンク（階層下のページなど）は、PDFファイルにはリンクとして表示されますが、共有相手はリンク先にアクセスできません。ページ構成には注意しましょう。

画像13 Notionページを PDF ファイル形式でエクスポートする

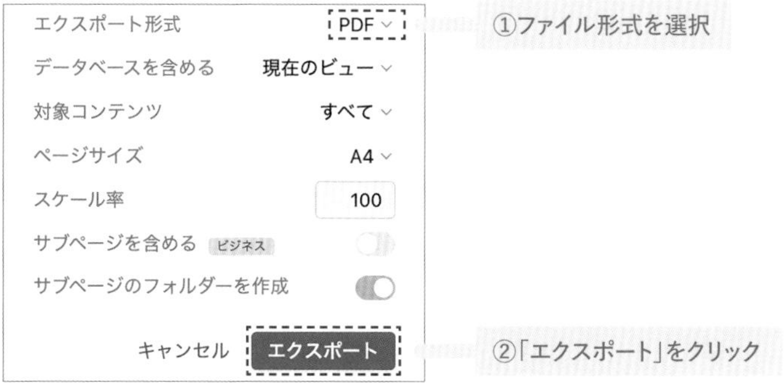

画像14 エクスポートメニューの画面

COLUMN

Notionのページは自由にWeb公開できますが、公開済みのページを一覧で表示する機能は現状ありません（今後のアップデートに期待！）。

データベースで管理するページをWeb公開する場合は、チェックボックスで公開中のプロパティを作成すると、擬似的な一覧表示として運用できます。

Lesson 7

名刺リストを作る

以前打ち合わせした人に改めて連絡したい、あるいは心当たりのない人から連絡が来たときに過去に名刺交換をしたかを確認したい。そんなときに、名刺をつど参照するのは手間がかかります。また、挨拶した際にどんな話題で話したか、先方の特徴は何かなど記録しておけると便利ですよね。

もらった名刺の情報をNotionにまとめ、必要に応じて参照する環境を作りましょう。

もともとExcelやスプレッドシートで名刺の情報を管理しているなら、ファイルをインポートすればNotionへの移行は完了します。他のWebアプリからダウンロードした名刺情報のCSVファイルも使えます。

一度リストにしてしまえば、管理用に情報を付加して絞り込みや検索を行う、特定条件でフィルターする、メモなどを追記する、他のデータベースと接続するといった活用の幅が生まれます。

ただ、個人情報などの情報管理については会社ごとの規則もあります。所属する会社の情報管理のルールは必ず確認してください。個人で管理するよりは、チームで共有するほうがおすすめです。

元データとなるCSVファイルをインポートする

Notionは、他のWebアプリやファイルからデータをインポートする機能が充実しています。他のWebアプリのデータやファイルをインポートして、ページやデータベースに変換します。

Notionのインポート機能に対応しているファイル・Webアプリ

- プレーンテキストとマークダウン
- CSVファイル
- HTMLファイル
- Wordファイル
- Evernote
- Asana
- Confluence
- Trello
- Excel(CSVファイル)
- Workflowy(プレーンテキスト)
- Google Docs(Wordファイル)
- Dropbox Paper(Wordファイル)

元データとなるGoogleスプレッドシートやCSVファイルをNotionにインポートします。インポートが完了すると、プライベートのデータベースが新しく作られます。

画像1 CSVファイルやスプレッドシートをインポートする

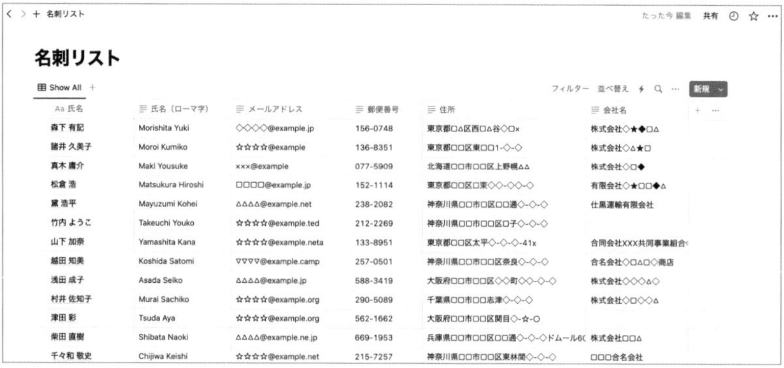

氏名	氏名（ローマ字）	メールアドレス	郵便番号	住所	会社名
森下 有記	Morishita Yuki	◇◇◇◇@example.jp	156-0748	東京都□△区西□△谷◇□×	株式会社◇★◆□△
諸井 久美子	Moroi Kumiko	☆☆☆☆@example	136-8351	東京都□□区東□□1-◇-◇	株式会社◇△★□
真木 庸介	Maki Yousuke	×××@example	077-5909	北海道□□市□□区上野幌△△	株式会社◇□◆
松倉 浩	Matsukura Hiroshi	□□□□@example.jp	152-1114	東京都□□区□東◇◇-◇◇-◇	有限会社◇★□□◆△
黛 浩平	Mayuzumi Kohei	△△△△@example.net	238-2082	神奈川県□□市□区□□通◇-◇-◇	仕黒運輸有限会社
竹内 ようこ	Takeuchi Youko	☆☆☆☆@example.ted	212-2269	神奈川県□□市□□区□子◇-◇-◇	
山下 加奈	Yamashita Kana	☆☆☆☆@example.neta	133-8951	東京都□□区太平◇-◇-◇-41x	合同会社XXX共同事業組合‹
越田 知美	Koshida Satomi	▽▽▽▽@example.camp	257-0501	神奈川県□□市□□区奈良◇-◇-◇	合名会社◇□△□◇商店
浅田 成子	Asada Seiko	△△△△@example.jp	588-3419	大阪府□□市□□区◇◇町◇◇-◇-◇	株式会社◇◇◇△◇
村井 佐知子	Murai Sachiko	☆☆☆☆@example.org	290-5089	千葉県□□市□□志津◇-◇-◇	株式会社◇□◇◇△
津田 彩	Tsuda Aya	☆☆☆☆@example.org	562-1662	大阪府□□市□□区関目◇-☆-○	
柴田 直樹	Shibata Naoki	△△△△@example.ne.jp	669-1953	兵庫県□□市□□区□□通◇-◇-◇ドムール6(	株式会社□□△
千々和 敬史	Chijiwa Keishi	☆☆☆☆@example.net	215-7257	神奈川県□□市□□区東林間◇-◇-◇	□□□合名会社

画像2 CSVファイルをインポートして作成されたデータベース

データをより活用するための情報を付与する

インポートした情報はそのままデータベースとして扱えますが、フィルターやビューを活用するにあたり必要な情報をプロパティとして設定します。

例えば、元データに名前・会社名・会社情報・電話番号が含まれるなら、次のようなプロパティを追加するとよいでしょう。

表 追加できる情報とプロパティ種類

追加できる情報	Notionプロパティの種類
名刺を受け取った日 （またはイベントや展示会等の名称）	日付・テキスト
名刺を受け取った人	テキスト・セレクト・ユーザー
重要度（高・中・低などの分類）	セレクト
関係性（仕入先・クライアント・顧客・ 見込み顧客・パートナー等）	セレクト・マルチセレクト
会社の業種	マルチセレクト
地域	マルチセレクト
名刺の元画像	ファイル＆メディア

画像3 データベースにプロパティを追加する

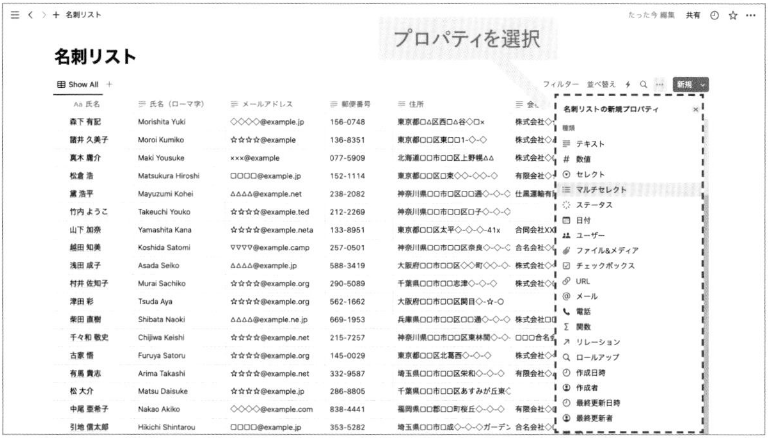

画像4 プロパティの種類を選択する

他のデータベースとデータを連携する

案件や取引先情報のデータベースを別途作成しているなら、リレーション機能を使って名刺リストと紐付けると便利です。複数のデータベースの行き来が不要になるだけでなく、他のデータベースのプロパティを直接参照するロールアップ機能も使えます。

まずは、データベースで「リレーション」プロパティを追加して、接続したいデータベースを選択します。データベースを選択した後に、プロパティ名や表示などの細かい設定を行います。

「制限」は対象のデータベースの紐付け数の設定で、1プロパティに対して1ページ、または1プロパティに対して複数ページを紐付けるかを決めます。また、接続先のデータベースにも同様のプロパティを作成して、双方向に参照するかを選びます。

なお、他のデータベースを参照する前提で説明しましたが、同じデータベースを自己参照する設定も行えます。

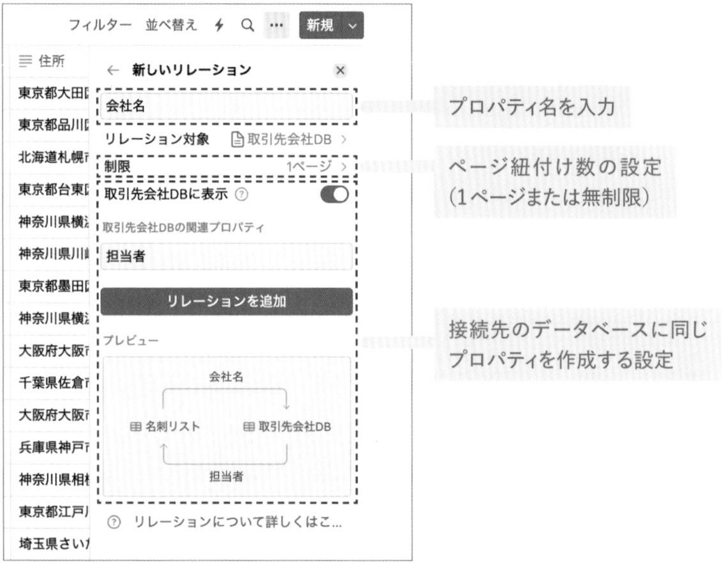

画像5 他のデータベースと連携するリレーションプロパティの設定

また、リレーションでデータベース同士を接続すると、追加で「ロールアップ」のプロパティが使えます。ロールアップは、リレーションに基づいてデータを集計・表示するプロパティです。

使い道は大変幅広く、例えば次のような場面で活用の可能性があるでしょう。

ロールアップ活用事例

- 議事録データベースとリレーション→会議の回数をロールアップで集計
- タスク管理データベースとリレーション→タスクの進捗度をロールアップ
- 取引先データベースとリレーション→契約状況をロールアップ

リレーションやロールアップは、Notion特有の機能です。最初から使い込むよりは、まずは単独のデータベースを活用し、他のデータベースと接続したいと思ったときに初めて手を出すくらいでも遅くはありません。一歩ずつ着実に活用していきましょう。

COLUMN

オールインワンワークスペースと名付けられ、あらゆるドキュメント管理やタスク管理ツールを包含するため「他のアプリはもういらないのでは？」とすら言われるNotionですが、やはりNotionにも不向きなことはあります。

データベースでの情報管理はできますが、縦列の集計は簡易的な機能に留まります。また、ピボットテーブルのような、2つの軸を設定して情報を集計・表示させるのはやや不向きです。

高機能なNotionも、道具のひとつであることには変わりません。何でも無理にNotionに収めようとするのではなく、他のアプリとあわせて適材適所で活用しましょう。

Lesson 8

読書や勉強の進捗を記録する

会社の業務に取り組みながらでも、スキルアップのためのインプットは欠かせません。あるいは、趣味のひとつとして、読書などのインプットに勤しむ機会も多くあるでしょう。

通勤中に電子書籍を読む、オーディオブックを聴く、新しい分野を学ぶために動画を観る、資格のテキストや暗記カードを解く等、インプットのジャンルはさまざまです。ただ、やみくもにインプットするばかりでは、積み上げた実感を得られずに徒労感だけが残ってしまいます。

取り組みの実感を得て次のステップに進むためにも、読書や勉強の進捗を記録していくのがおすすめです。

もちろん、そういったインプットの記録もNotionの出番です。目に見える形で日々の積み上げが分かると、継続する理由にもつながります。

仕事だけでなく趣味の記録にも使えるので、自分が記録したい内容を考えながら、自由にカスタムしてみてください。

読書記録のデータベースを作る

まずは新しいデータベースを作成します。データベースは他のレッスンでも紹介しましたが、ここでも登場します。Notionのデータベースには、さまざまな活用方法があると分かりますね。

設定するデータベース項目の例

- 開始日：読み始めた日
- 読了日：読み終わった日
- サマリー：本の概要
- カテゴリ：本のジャンル
- カバー：表紙の画像
- 評価：本の評価

読んだ本の表紙が本屋の本棚のように並ぶと、インプットの積み上げをより一層実感できます。表紙の画像を登録する手間はありますが、ギャラリービューを使えば、本の表紙を一覧で並べられます。リストビューとは別にギャラリービューを設定しておけば、読んだ本を一覧にするビューと、本の表紙が並ぶビューを自由に切り替えられます。

画像1 データベースをギャラリービューで表示する

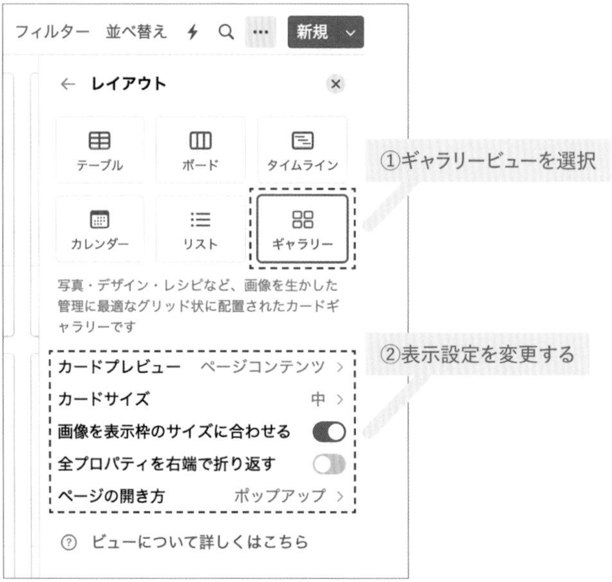

画像2　ギャラリービューの設定方法

感想やメモを追記する

Notionデータベースの各行は、階層下の子ページとしても機能します。読んだ本をデータベースに記録するなら、本文に感想や読書メモを追記するのが分かりやすくおすすめです。

電子書籍なら、印象に残った箇所を画像で出力したり、スクリーンショットの画像をそのままアップロードできます。紙の本なら、文字認識でテキストをコピーする他、スマートフォンで撮影した写真をページに添付するのも一手です。

コメントを追加...
1件のバックリンク
じぶん時間を生きる
佐宗邦威
効率化するほど
時間に追われるのはなぜ?
引用ブロックで本文を引用し、
その下に感想などを追記する
P280 「これは、究極的には『いい人』をやめないとだめだな」
生産性の向上を続けることが果たして自分にとってベストなのか？とモヤモヤした問いを抱えていたが、その問いに対して一段深く踏み込んでいくためのきっかけになる本だなあと感じている。
P267 近代以前、人々は時間を円環して繰り返すもの、という感覚でとらえていた。
円環時間の話ってどこかで読んだ記憶がある。「自分をいかして生きる」だったか......？
P153 移動の時間が無駄ではないか、と思われる方もいるかもしれない。だが、僕にとって「移動時間」とはアウトプットのエネルギーを充填する時間になっている。
移り変わる車窓の景色を見ていると、狩猟本能が掻き立てられるのかもしれない。
移動という行為そのものがブースターとなり、仕事を取りに行くエネルギーに変えている感覚がある。
この部分、移動時間が好きな理由を言語化してもらったような気持ちになって嬉しかったな！

画像3 Notionの読書記録ページに追加した感想やメモ

読了チェックと集計

ただ記録していくのもいいですが、やっぱり読んだ本にはチェックを入れて「読んだぞ！」と実感したいですよね。さらに言えば、その数が積み上がって分かる形になるとより嬉しいものです。

記録用のデータベースに「読了」のチェックボックスを追加してチェックされた数をカウントすれば、読んだ本の数をすぐに算出できます。テーブルビューの最下部にある「計算」をクリックすると、縦列の集計方法が表示されます。使用しているプロパティによって集計方法にはいくつか種類があります。

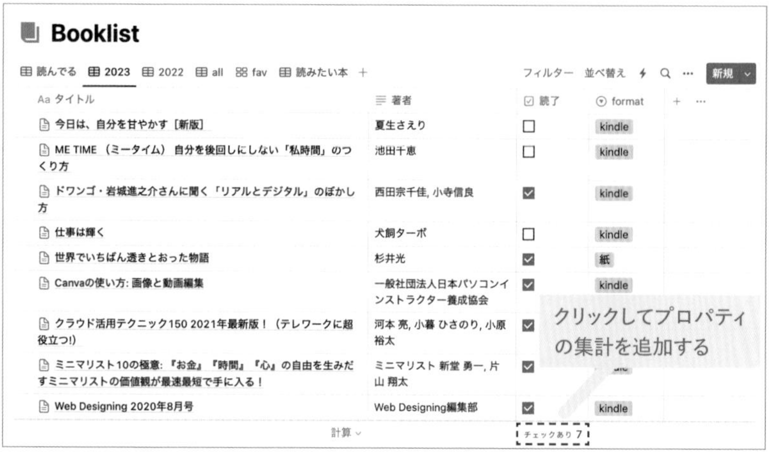

画像4 テーブルビューのデータベースに集計の計算を追加する

また、セレクトプロパティで「読みたい／読んでる／読んだ」のステータス分けをすれば、読みたい本リストをそのまま読んだ本リストに移行できます。読みたい本だけをフィルターして、別のビューに切り出せば参照も簡単です。

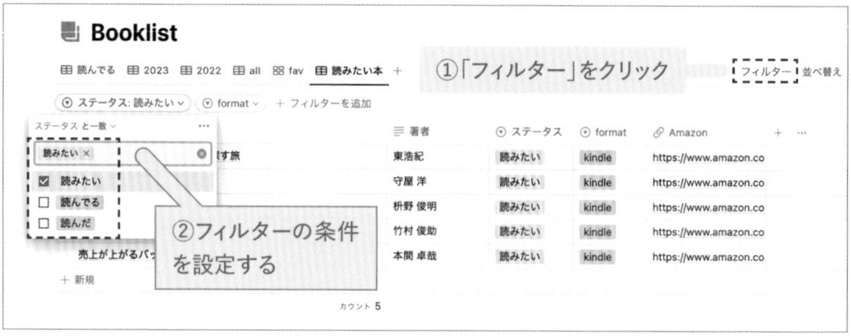

画像5 セレクトプロパティで読みたい本と読んだ本をまとめて管理する

勉強の進捗を記録するアイデア

読書記録のデータベースを応用して、勉強の進捗を記録する方法を考えてみます。どのような勉強をしているかによっても変わりますが、例えば簿記の問題集を解くのであれば、次のような構成が考えられます。

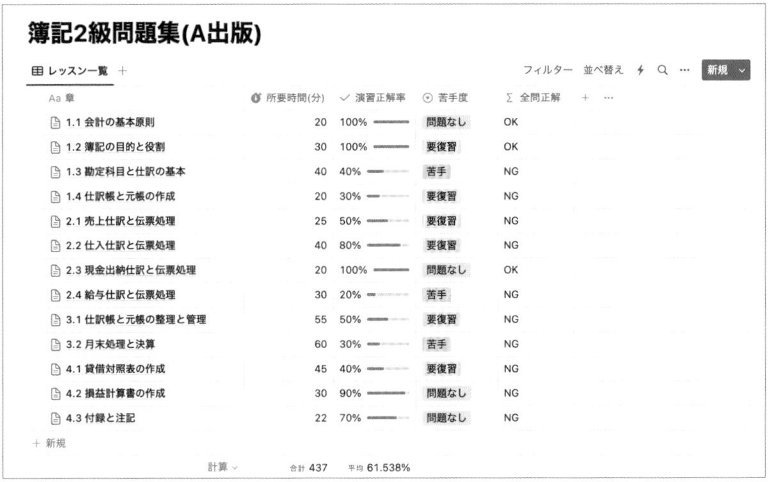

簿記2級問題集(A出版)

レッスン一覧

章	所要時間(分)	演習正解率	苦手度	全問正解
1.1 会計の基本原則	20	100%	問題なし	OK
1.2 簿記の目的と役割	30	100%	要復習	OK
1.3 勘定科目と仕訳の基本	40	40%	苦手	NG
1.4 仕訳帳と元帳の作成	20	30%	要復習	NG
2.1 売上仕訳と伝票処理	25	50%	要復習	NG
2.2 仕入仕訳と伝票処理	40	80%	要復習	NG
2.3 現金出納仕訳と伝票処理	20	100%	問題なし	OK
2.4 給与仕訳と伝票処理	30	20%	苦手	NG
3.1 仕訳帳と元帳の整理と管理	55	50%	要復習	NG
3.2 月末処理と決算	60	30%	苦手	NG
4.1 貸借対照表の作成	45	40%	要復習	NG
4.2 損益計算書の作成	30	90%	問題なし	NG
4.3 付録と注記	22	70%	問題なし	NG
計算	合計 437	平均 61.538%		

画像6 簿記問題集を想定したデータベース

問題集の章や大問の単位でデータベースにデータをまとめ、間違えた問題や所要時間などを記録する。非定性のコメントや間違えた設問のまとめは、子ページ内に書くと情報がひとつにまとまります。

また、苦手な問題を同期ブロックを使って別ページにまとめ、復習シートを作るのもいいでしょう。

Notionの使い方は、途方に暮れるほど多岐にわたります。「Notionを使ってみたい」からスタートするよりも、**「こういうデータを蓄積して活用したい」からスタートして、Notion活用の可能性を見出していく**のがスムーズです。どうか無理なく、楽しくNotionを使っていってくださいね。

第2章まとめ

- Notionは多用途に使えるドキュメントアプリ
- 階層構造の「ページ」に、テキストや画像、見出しなどの「ブロック」を配置してドキュメントを作成する
- /(スラッシュ)を入力するとブロックを挿入するメニューが表示される
- テンプレートを使った議事録を自動作成するのも簡単
- 拡張機能を併用してWebページの保存などにも対応可能

- Notion活用のためには「データベース」が必要不可欠
- データベースにはプロパティの項目があり、チェックボックスや選択式のメニューなどを自由に設定する
- データベースの各行が子ページになっていて、ページ内に情報などを記録できる
- 情報の見せ方は6種類の「ビュー」から選択。蓄積した情報に合う見せ方を選ぶ

- Wordやテキストファイル、CSVファイルのインポートで、他の場所にあった情報をNotionに取り込める
- Web公開用URLの発行やPDF形式でのエクスポートで他メンバーに共有できる
- Notionは自由度が高いため「何を記録して整理・共有したいか」をあらかじめ決めておくのが重要

第3章

高品位なデザインの資料を作りたいなら「Canva」

デザインの専門知識がなくても、Canvaを使って画像や資料、ポスターや名刺などの印刷物を作ることができます。あらゆる場面に対応したテンプレートや素材から目的に合うものを探して作業時間を短縮しましょう。

Lesson 1

Web会議で使うバーチャル背景を作る

2020年以降、リモートワークの一般化に伴い、ZoomやGoogle Meetが広く普及し、社内外を問わずオンライン会議が当たり前になりました。

オンライン会議のシステムにはバーチャル背景を設定する機能があり、生活感が伝わるリアルの背景をうまく隠せます。ただ、この背景、システムに初期設定されている画像は多くの人が使っているため、他人と被る場面もしばしば。

バーチャル背景にはフリー素材の写真をそのまま設定することもできますが、シンプルでビジネスライクな背景画像なら、Canvaで簡単に作れます。

Web会議の背景を作ると、次のようなメリットがあります。

- **他メンバーとの差別化**
- **通話相手との会話のきっかけになる**
- **名前（氏名やプロダクト名）を入れれば覚えてもらいやすくなる**
- **会社のコーポレートカラー等がある場合、統一感を出せる**

個人利用でもWeb会議の背景を1枚持っておくことをおすすめします。転職活動の面接がオンラインで行われるケースは多いですし、個人活動のオンラインミーティングでも活用できます。

シンプルで汎用性の高いオリジナルの背景を作って、Web会議の相手に自分自身を印象づけていきましょう。

Canvaのホーム画面で「Zoom背景」を検索

Canvaには、あらかじめ豊富なテンプレートが用意されています。テンプレートをベースに、自分の好みに変更していくのが簡単です。

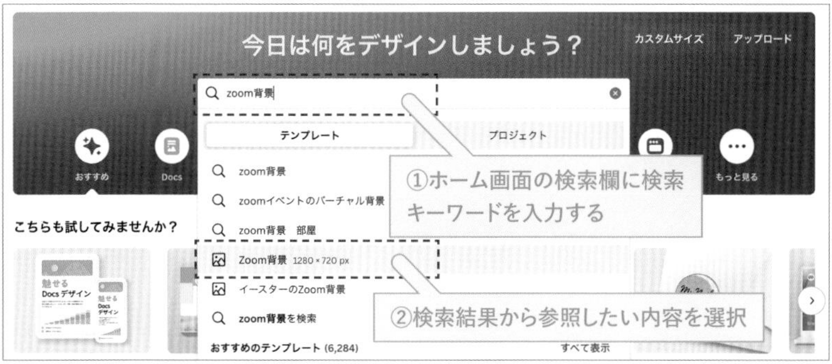

画像1　Canvaのホーム画面で検索欄に「zoom背景」と入力する

画像2　検索結果でZoom背景のテンプレートが表示される

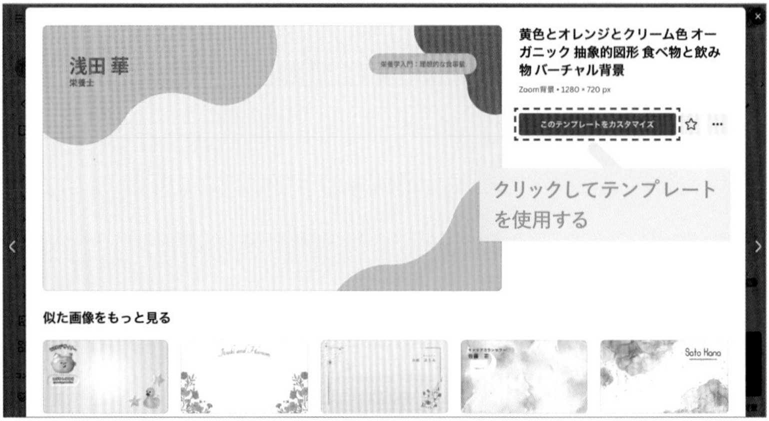

画像3 テンプレートをクリックして表示される詳細ページ

必要な情報を入力・変更する

使いたいテンプレートを選択すると、新しいデザインとして読み込まれた状態で編集画面が表示されます。名前や肩書などの情報を修正・追記して使うのはもちろんですが、テンプレートの内容に加えて、図形や画像による装飾も追加できます。

画面中央はカメラで映るあなたの顔が表示されるため、四隅や左右の空き部分に情報を入れるのがおすすめです。

画像4 Canva編集画面の各機能

画像5　読み込まれたテンプレートが表示された新規デザイン

画像や文字の色を変更する場合は、変更したい画像や文字を選択し、画面上部のカラータイルをクリックするとメニューが開きます。

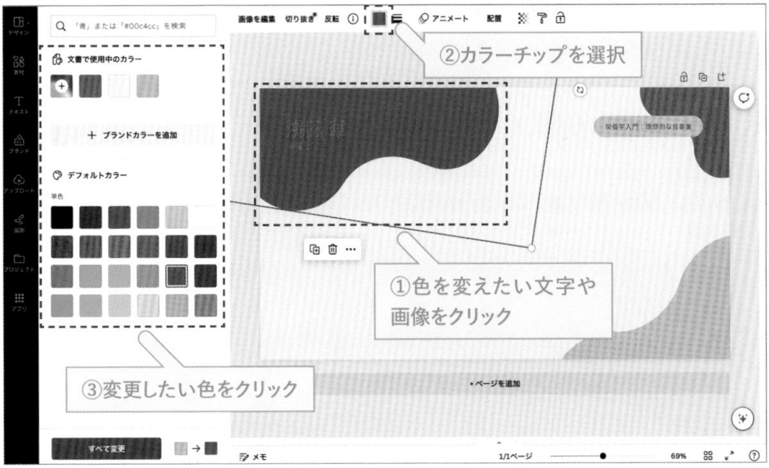

画像6　カラーチップを選択した後の編集メニュー

いくつかパターンを作りたい場合は、デザイン内に新しいページを追加するか、現在のページを複製します。

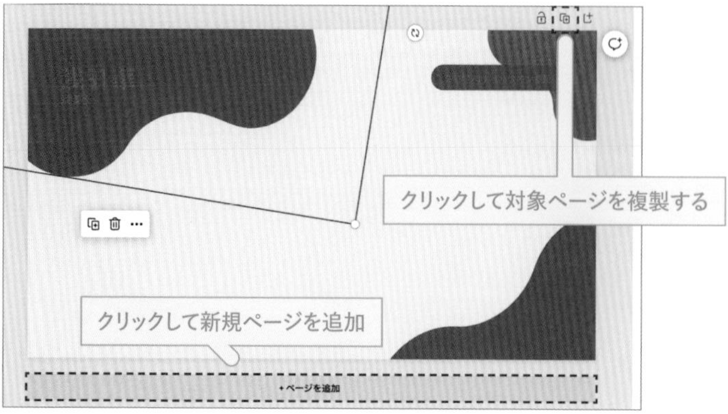

画像7　新しいページを追加・ページを複製する

作成したバーチャル背景をダウンロードする

完成したバーチャル背景は、各種Web会議アプリで使えるよう画像としてダウンロードします。

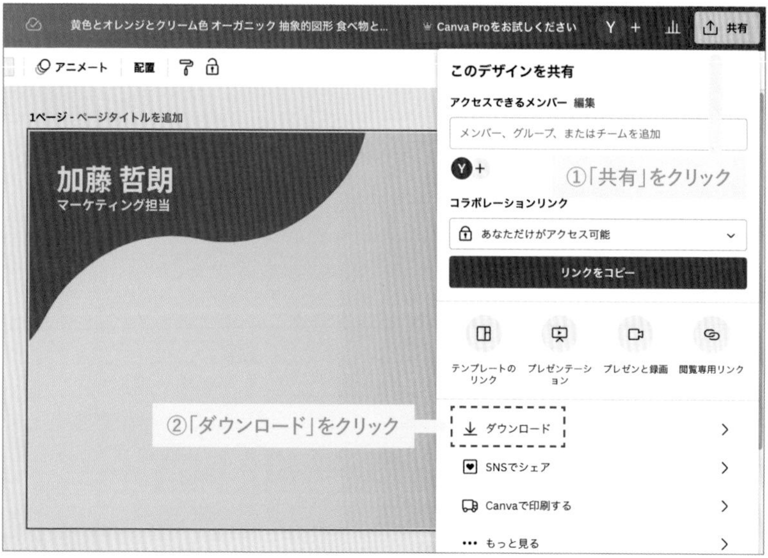

画像8　Canvaの共有メニュー

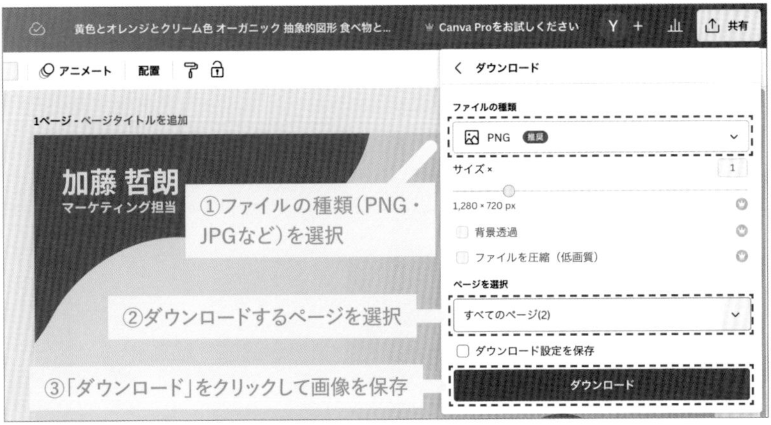

画像9 ダウンロード時の画像種類・サイズ・ページ選択

完成したバーチャル背景

以下はCanvaで実際に作ったバーチャル背景の画像です。ZoomやGoogle Meet等のWeb会議アプリのバーチャル背景に設定して使いましょう。

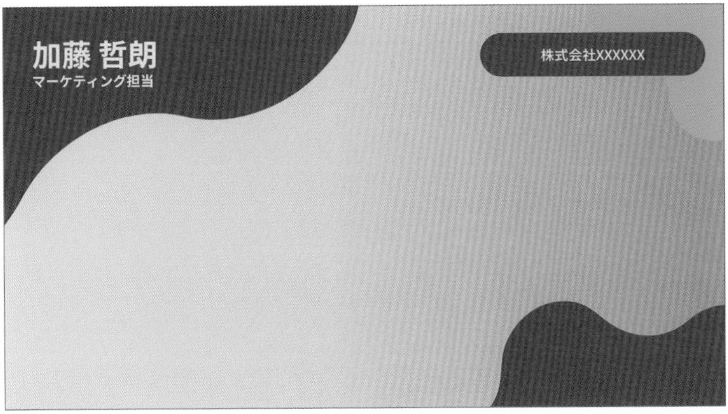

画像10 Canvaで作成したバーチャル背景

Lesson 2

プレゼンテーションのスライドを作る

会社で働く人であれば、一度はプレゼンテーションなどのスライドを作る機会があるでしょう。

プレゼンテーションの作成で定番のアプリはPowerPointやGoogleスライドですが、Canvaでもプレゼンテーションのスライドを作成できることをご存知でしょうか？

しかも、スライドを作成するだけではなく、発表者が参照するテキストを追記し、発表用の投影資料とは別に表示できます。発表のスライド投影は複数パターンがあり、タイムキープを手元で行うことも可能。セミナーの登壇でも十分通用する機能を備えています。

Canvaはテンプレートの豊富さが魅力で、プレゼンテーション用のスライドにもさまざまなイメージのテンプレートがあります。あらかじめ切り替えアニメーションが設定されているテンプレートもあり、イメージに近いテンプレートを適用し、文字を記入すれば、凝って作ったようなスライド資料があっという間に完成します。

見栄えのするプレゼンテーション資料を使えば印象はよくなりますが、作り込みに時間をかけてしまい、中身が完成しないのは本末転倒。提供されているテンプレートを十二分に活用して、伝えるべき内容のブラッシュアップに時間と労力を投じましょう。

テンプレートから新規ページを作成する

他のレッスンでも取り上げているように、Canvaはさまざまな用途を想定したテンプレートが豊富に用意されています。今回のレッスンでは、プレゼンテーションのテンプレートを元にスライドを作成します。

Canvaのホーム画面で「プレゼンテーション」と検索すると、プレゼンテーションのテンプレートが表示されます。まずは、イメージに合ったテンプレートを選択しましょう。「プレゼンテーション　ビジネス　シンプル」など要件を追加して検索すると、イメージに近いテンプレートが表示されやすくなります。

検索結果は表紙のみですが、編集画面で「XXページすべてに適用」を選択すると、箇条書きや図表の挿入を想定したページもインポートされます。

画像1　Canvaのホーム画面で「プレゼンテーション ビジネス シンプル」と検索した結果の表示

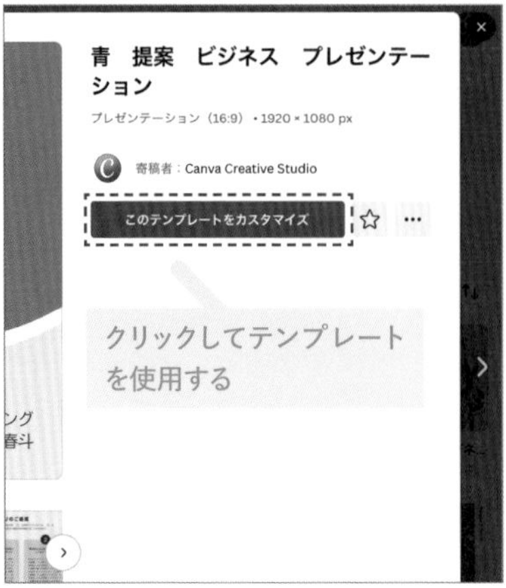

画像2　テンプレートをクリックして表示される詳細ページ

画像3　テンプレート適用後のデザイン編集画面

スライド編集画面からテンプレートを選択する

作成中のスライドでテンプレートを使いたいときは、編集画面の左側にあるメニューから「テンプレート」を選択し、イメージや配色などを任意のキーワードで検索します。

使いたいページのテンプレートを選択すると、現在のページと差し替えるか、新しいページとして追加するかを選択できます。

画像4　スライド編集画面でテンプレートを検索する

画像5 テンプレートページを追加する場合の確認表示

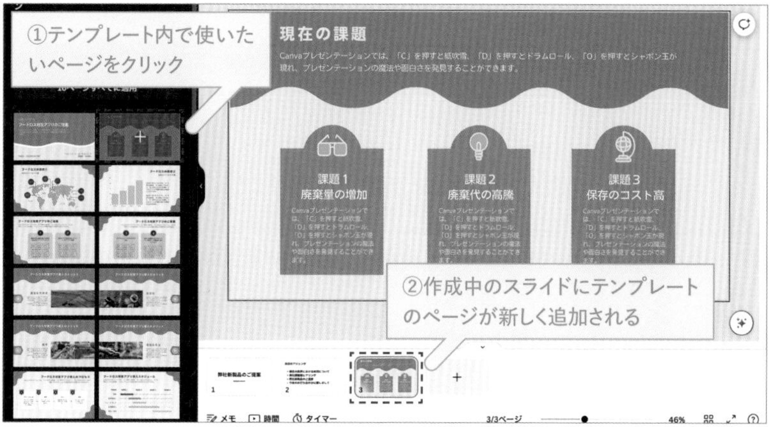

画像6 新規ページを作成して特定のテンプレートを選択すると、テンプレート内容がページに反映される

作成中のスライドにテンプレートを適用する場合も「XXページすべてのページに適用」ボタンが使えますが、既存のページも含めすべて上書きされるためご注意ください。

画像7 すべてのスライドが上書きされる場合の確認表示

ページを複製する

読み込んだテンプレートはテキストを変更すればすぐに使えますが、特定のページを何度も使いたい、テンプレートの内容を残しつつ修正を加えたい場面もあるでしょう。

その場合は、特定のページを複製して使用します。複製した後はドラッグ&ドロップで並べ替えも可能です。

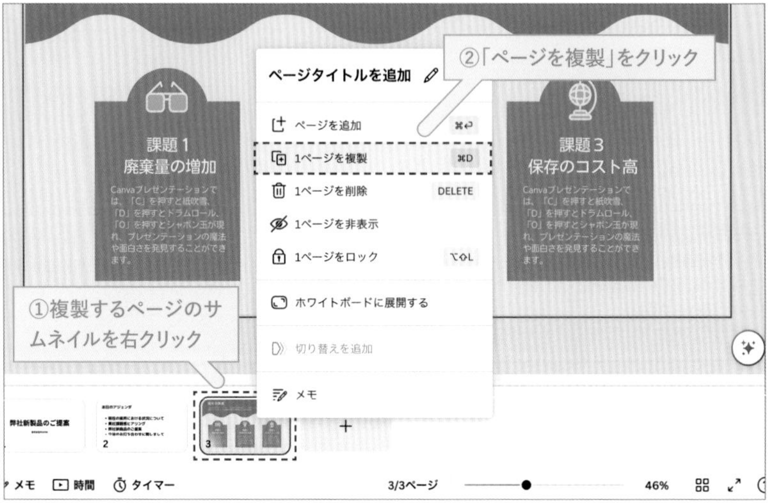

画像8 ページを複製する

ページ内の配色を一括で変更する

プレゼンテーションの配色を変更したいとき、スライド1枚1枚を変更していくのはあまりにも手間がかかりますが、Canvaには同じ色をまとめて変更する機能が搭載されています。テキストや素材の色をまとめて変更する際は、配色を一括で変更する機能を使いましょう。テンプレートを読み込んだプレゼンテーションの配色も、この機能で同様に一括変更が可能です。

色は気に入らない、でも素材は完成イメージに近い……そんなテンプレートがあるなら、配色の一括変更により使い道が出てくるかもしれません。

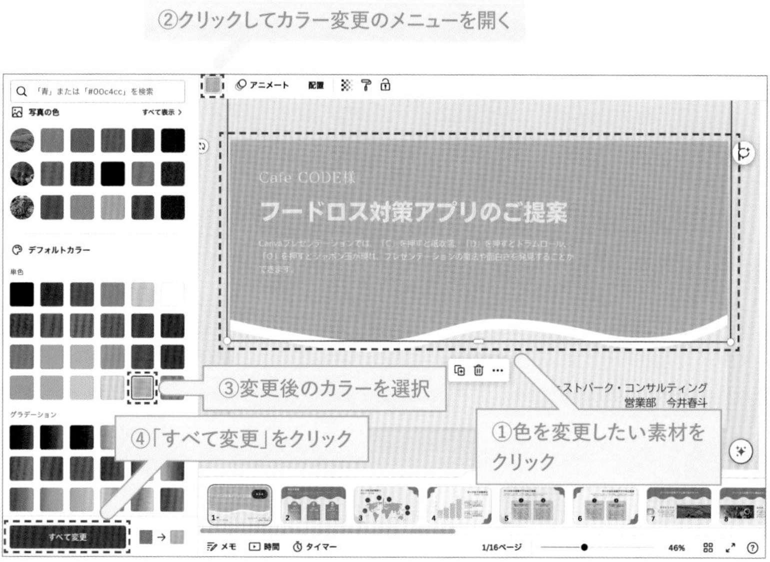

画像9　デザイン内の色をまとめて変更する

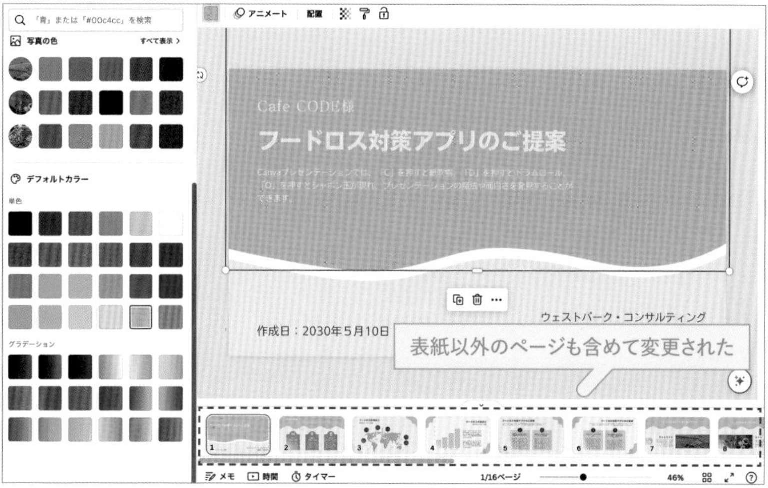

画像10　配色を一括変更した後

プレゼンテーションをプレビュー表示する

Canvaのプレゼンテーション機能には4つのモードが搭載されていて、状況に応じて使い分けが可能です。編集画面右上の「プレゼンテーション」メニューから、各スライドをどのように表示させるかを指定できます。

表　Canvaプレゼンテーションの種類

プレゼンテーション方法	主な用途
全画面表示	全画面でプレゼンのスライドを表示する
プレゼンタービュー	発表者用のメモを見ながら全画面表示でプレゼンする（ウィンドウが2つ開く）
プレゼンテーションと録画	自分自身をカメラで映しながらプレゼンの動画を収録する
自動再生	秒数を指定して自動でスライドをページ送りする

画像11　プレゼンテーション表示方法

画像12　プレゼンタービュー選択時の表示

「プレゼンテーションと録画」を選択すると、ブラウザ上で動画を収録する「レコーディングスタジオ」のページに移動します。カメラとビデオの設定を行うと録画開始のカウントダウンが始まります。

画像13 Canvaプレゼンテーションのレコーディングスタジオ

プレゼンテーション内のアニメーションを追加・削除する

スライドの内容がおおよそ完成したら、プレゼンテーション表示で動作を確認することをおすすめします。

Canvaのプレゼンテーションテンプレートはとても便利ですが、次のスライドを表示させる際のアニメーションがついているものが比較的多いです。そのため、実際にプレゼンや発表を行う段階で、想定外のアニメーションが追加されていて焦る可能性もゼロではありません。

オンラインミーティングのスライド資料として使う場合やや情報過多になるため、**アニメーションは最小限にするか削っておくほうが無難**でしょう。

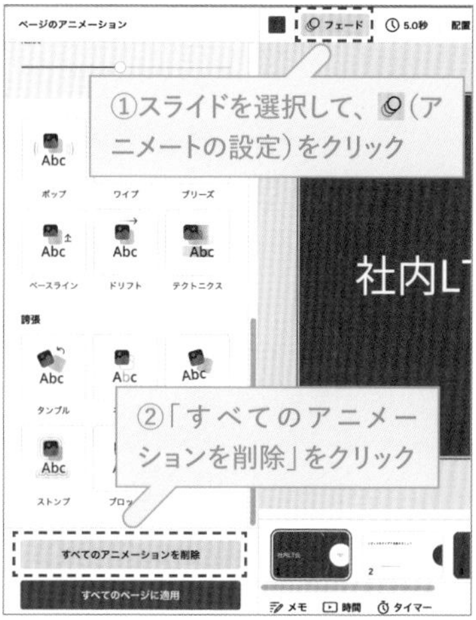

画像14 スライドのアニメーションを調整する

Lesson 3

社内告知のお知らせ画像を作る

「社内向けのお知らせを読んでもらえない……」

総務や管理部門の方々の話を聞いていると、みなさん口を揃えてそう嘆きます。管理部門でなくとも、社内向けに調査や情報拡散の協力を依頼する等、他のメンバーに何かお願いをしたい場面はあるでしょう。かくいう私も、同じように悩む場面は少なくありません。

社内向けの告知はなかなか読まれないため、読んでもらうためのあらゆる工夫が必要。簡潔で分かりやすい投稿を心がけるのは大前提ですが、伝えたい要点を画像にまとめて一緒に投稿すると、内容を理解してもらえる確率が上がります。

紙で貼り出すタイプのお知らせはもちろん、社内チャットツールへの投稿であっても、お知らせの画像があると目に留まりやすくなります。インターネット上でも「貼り紙」を使うイメージです。

そういった資料をゼロから作ろうとすると、画像編集用のソフトウェアが思い浮かび腰が重くなりがち。ですが、ブラウザ上で画像や図形を挿入し、文字や装飾を追加できるCanvaなら、そのハードルも下がります。専用ソフトウェアの使い方を1から学んだり、習熟しているメンバーの手を無用に煩わせずに、Webアプリを使って仕事を完結させましょう。

作りたいサイズでページを新規作成

Web会議のバーチャル背景などは定型サイズのテンプレートがありますが、定型サイズ以外もCanvaで自由に作成できます。今回のレッスンの内容では、用途により画像サイズが異なるでしょう。

オフィス内に貼り出す目的なら、A4やB4サイズで作成しておけばコピー機での印刷も容易です。社内のチャットツールで使うなら縦横比は自由。

ただ、Canvaの無料プランでは、一度作成したデザインのサイズを変更できません。用途やアウトプットイメージを決めたのち、ドキュメント作成への着手をおすすめします。

画像1 Canvaでカスタムサイズのデザインを作成する

テキスト・画像・図形を追加する

Canvaでは、画像・図形・テキストの入力欄などを、マウス操作で追加・編集します。画面左側の素材メニューを選択して、挿入したい画像のイメージを検索すると、画像や図形の検索結果が表示されます。

「グラフィック」と呼ばれる画像素材の一部は配色を変えられます。検索結果の色味が気に入らない場合でも、一度挿入して色を変えられるか試してみましょう。

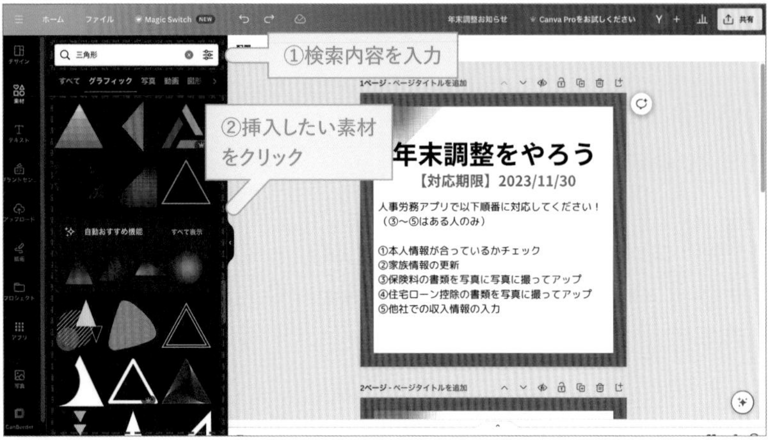
①検索内容を入力
②挿入したい素材をクリック
年末調整をやろう
【対応期限】2023/11/30
人事労務アプリで以下順番に対応してください！
（③～⑤はある人のみ）
①本人情報が合っているかチェック
②家族情報の更新
③保険料の書類を写真に写真に撮ってアップ
④住宅ローン控除の書類を写真に撮ってアップ
⑤他社での収入情報の入力

画像2 テキストや画像を挿入する

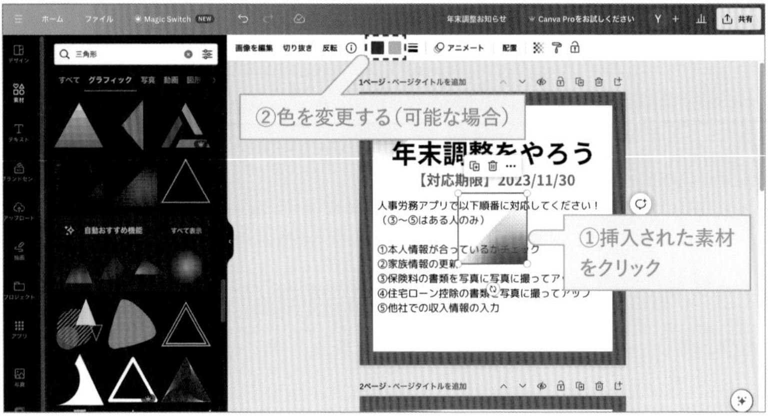
②色を変更する（可能な場合）
①挿入された素材をクリック

画像3 グラフィック素材のカラーを調整する

作成した画像をダウンロードする

完成した画像はダウンロードして利用します。ダウンロードを含めた外部共有は、画面右上の「共有」メニューにすべてまとめられています。

画像4 デザインの共有メニュー

画像5 画像種類・サイズ・ページを選択する

Lesson 4

A4サイズの配布資料を作る

社内で回覧するドキュメント、画像を多く使う必要のある企画書、PDFファイルとしてオンラインで共有しつつラミネート印刷もして使いたいマニュアル類、あるいは紙ベースの社内報。社内で配布するA4サイズの資料を作る場面はどこかしらであります。バックオフィスや総務の仕事に従事される方だと比較的多いかもしれません。

見積書や請求書は様式がある程度決まっているため表計算ソフトでも作れますが、上述の配布資料は、社内向けであるが故に様式も自由。ただでさえ内容を考える必要があるのに、どうやって作成し、どう管理していくかまで考えるのは億劫です。

そこで、テキストや画像、図形の配置において自由度の高いCanvaを使いましょう。

Canvaで社内資料を作るメリットとしては、画像などの差し替えが容易、同じファイル内で複数パターンを作れる、他の端末からも同じ作業ができる等があります。

過剰に時間をかけてまで、きれいな資料を作る必要はありません。とはいえ、画像を複数レイアウトするような資料は、テキストエディタやWordではカバーしきれないのも事実です。Canvaであれば、そういったニーズにも対応できます。

空の新規デザインを作成する

Canvaはテンプレートが豊富なため、テンプレートをベースに作成すると手間を省けますが、もちろん白紙の新規デザインも作れます。

各サイズのテンプレートを検索すると「空のプレゼンテーションを作成」「空のポスターを作成」といった、テンプレートを適用しないメニューが検索結果に表示されます。また、Canvaのトップページにも、空のデザインを作るメニューがあります。

無料版のCanvaでは、後からサイズの修正や縦向き・横向きの変更は不可です。新規デザインを作る段階でサイズを決めましょう。

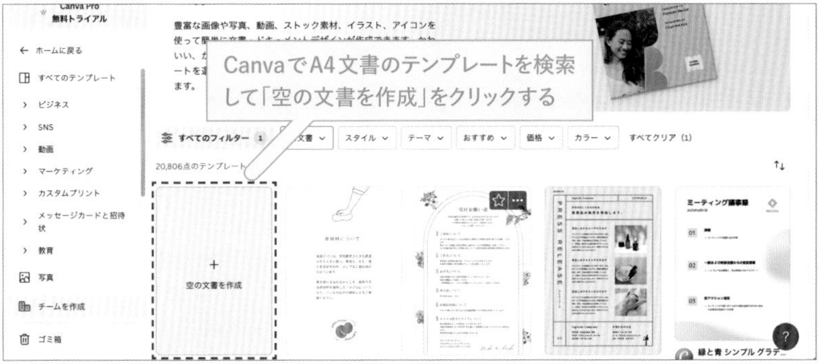

画像1 テンプレートを検索して「空の文書」が表示されている

画像2 Canvaのトップページの各ジャンルからも「空のデザイン」を選択できる

テキストを仮置きする

空のデザインを作成すると、何も配置されていない真っ白な画面が表示されます。初めに必要なテキストを追加し、サイズを調整してから配置を検討するとスムーズです。

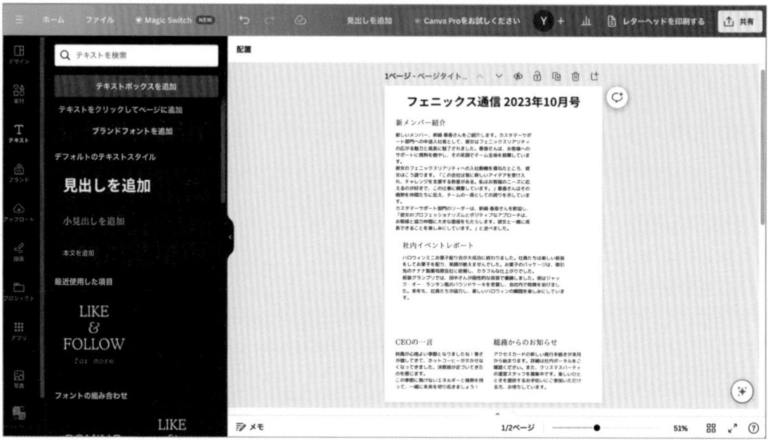

画像3 空のデザインにテキストを仮置きする

画像を入れる場所を作る

文章を書き進めていると「ここに画像を入れたい」などアイデアが思いつくかもしれません。その際は、先に画像を入れる場所を確保しておきます。

Canvaで挿入できる素材には、**画像を切り抜くための枠**があります。画像1枚用の「フレーム」、または複数枚の画像に対応した「グリッド」をあらかじめ挿入してレイアウトを決め、後から画像を探すとスムーズです。

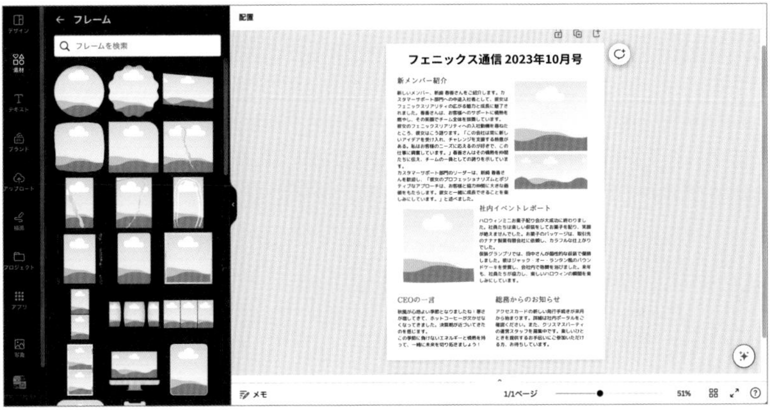

画像4 素材メニューからフレームやグリッドを挿入する

実際に画像を埋め込むときは、アップロードした画像などをフレームやグリッドの上にドラッグ＆ドロップするだけです。

画像5 アップロードした画像をドラッグ＆ドロップして反映する

デザインへのスタイルの適用

Canvaには便利なテンプレートだけでなく、配色とフォントの組み合わせである「スタイル」も多数用意されています。作った資料の配色や雰囲気を調整したいときは、スタイルを変更すると一気に印象が変わります。1ページだけのスタイルの変更、全ページ一括でのスタイル変更の両方に対応しています。

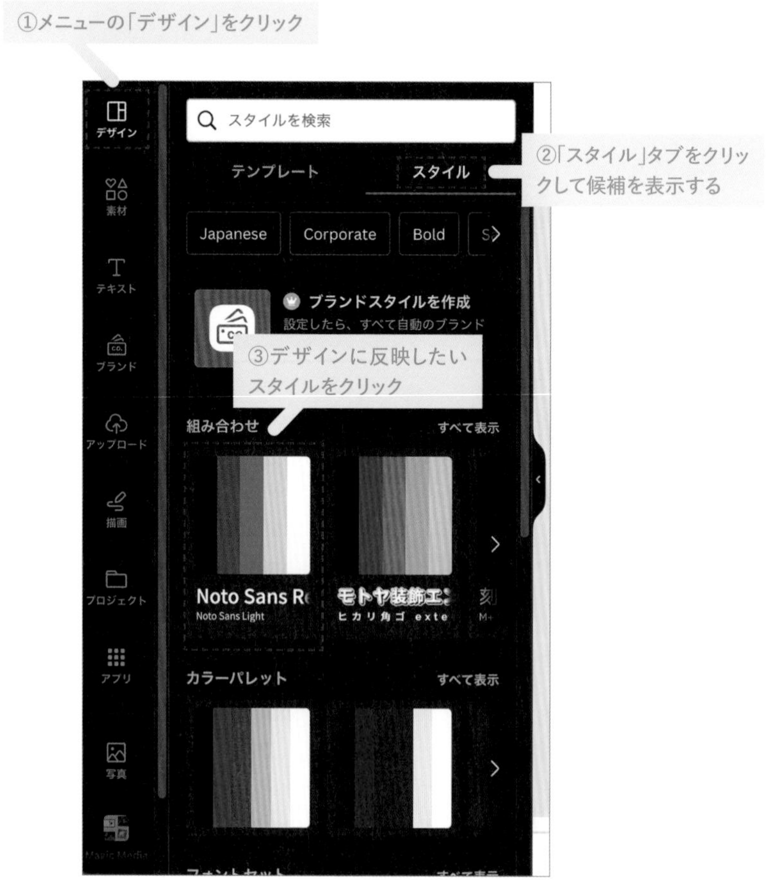

画像6 スタイルの設定

組み合わせ
スタイルの組み合わせを検索
Japanese
Corporate
Sans serif
Noto Sans R
Noto Sans Light
刻ゴシック
M+ Regular
無心
Rounded M+ Regular
すべてのページに適用
配置
1ページ - ページタイトルを追加
フェニックス通信 2023年10月号
新メンバー紹介
新しいメンバー、新崎 春香さんをご紹介します。カスタマーサポート部門への中途入社者として、彼女はフェニックスリアリティの広がる魅力と成長に魅了されました。春香さんは、お客様へのサポートに情熱を燃やし、その笑顔でチーム全体を鼓舞しています。
彼女のフェニックスリアリティへの入社動機を尋ねたところ、彼女はこう語ります。「この会社は常に新しいアイデアを受け入れ、チャレンジを支援する熱意がある。私はお客様のニーズに応えるのが好きで、この仕事に興奮しています。」春香さんはその情熱を仲間たちに伝え、チームの一員としての誇りを示しています。
カスタマーサポート部門のリーダーは、新崎 春香さんを歓迎し、「彼女のプロフェッショナリズムとポジティブなアプローチは、お客様と協力仲間に大きな価値をもたらします。彼女と一緒に成長できることを楽しみにしています。」と述べました。
社内イベントレポート
ハロウィンミニお菓子配り会が大成功に終わりました。社員たちは楽しい仮装をしてお菓子を配り、笑顔が絶えませんでした。お菓子のパッケージは、取引先のナナナ製薬有限会社に依頼し、カラフルな仕上がりでした。
メモ
1/2ページ
78%

画像7 スタイル変更前

組み合わせ
スタイルの組み合わせを検索
花鳥風月
M+ Regular
Rounded M+
Rounded M+ 1p Regular
すべてのページに適用
配置
1ページ - ページタイトルを追加
フェニックス通信 2023年10月号
新メンバー紹介
社内イベントレポート
メモ
1/2ページ
78%

画像8 スタイル変更後

Lesson 5

個人用の名刺を作る

会社以外の活動が充実してきたり、サードプレイスに顔を出すようになったり。会社に所属している自分ではなく、いち個人としての自分の紹介が必要になるのが今の時代です。

初めて会う方に自分を覚えてもらうための代表格といえば「名刺」。個人事業主ではなくとも、会社には関係のない個人名の名刺を持っている人を比較的よく見かけるようになりました。

個人用の名刺は必ずしも必要ではないかもしれません。ですが、必要になったとき、どこでどう作ればいいかまったく分からないのも事実。

そんな状況でも活躍するのがCanvaです。名刺のテンプレートも豊富に用意されていて、デザインに悩まずに名刺を作れます。印刷の注文までCanvaで完結するので、印刷所などを探す必要もありません。

名刺のテンプレートを検索する

テンプレートが豊富なCanvaには、名刺のテンプレートも用意されています。イメージに近いテンプレートをあらかじめ選べば作業の手間も短縮されるので、ぜひ探してみてください。

また、テンプレートの星マークを押すと、プロジェクトの「スター付き」画面でまとめて参照できます。ざっと眺めて候補の星マークをクリックしておき、後から選ぶのがスムーズでしょう。

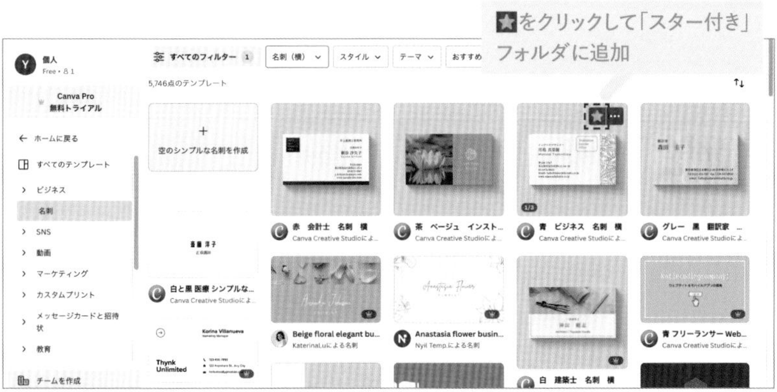

画像1　Canvaで「名刺」と検索した結果

画像2　Canvaのプロジェクト画面

画像3　「スター付き」フォルダ

Canva上で名刺印刷を注文する

名刺のテンプレートを使うと、Canva上でそのまま注文手続きに進めます。画面右上の共有メニュー近辺にある「名刺を注文する」メニューから、枚数や紙質を個別に選択して注文します。

費用に関しては、格安の名刺印刷会社に注文するよりは割高になりますが、Canvaから一気通貫で注文できるのは大きなメリットです。専用のソフトウェアも不要で、印刷所でよくある入稿データの作成を考える必要もありません。個人で作る名刺ならこれで十分でしょう。

基本の送料は無料で、お急ぎ便を選択すれば2～3営業日で到着します。

画像4 名刺を注文するメニュー

名刺以外にも以下のテンプレートを選択した場合は、Canva上で注文手続きを行うメニューが表示されます。

Canva上で印刷できるテンプレート

- メッセージカード（長方形・正方形）
- チラシ（A4等の定型サイズ）
- ポストカード

- ポスター
- 名刺
- マグカップ
- ギフト券
- レターヘッド

テキストや画像を配置するときの注意点

配置した文字があまりに小さいと、名刺としての可読性が損なわれてしまいます。せっかく作った名刺もそれでは本末転倒です。

Canvaの名刺テンプレートでは、印刷オプションを表示させると、印刷を前提とした際の問題点が表示されます。すぐに印刷する予定がなくても、一度確認して修正の目安にしましょう。

同様に、アイコンなどの画像サイズにも注意が必要です。PCの画面で名刺を作っていると、実際の名刺のサイズより大きく映ります。

実際の名刺サイズの仕上がりをイメージしたり、画面上で実寸に近いサイズにまで縮小してチェックしましょう。

画像5　名刺の印刷オプションで仕上がり時の問題点が表示される

印刷を想定したデザインでは、端に配置した文字や画像は、意図せず見切れる可能性があります。そのため、確実に表示させたい文字や画像は、端から2～3mm以上内側に配置する必要があります。背景の場合は逆で、印刷サイズよりひとまわり大きく背景や画像を配置すると、確実に紙の端まで印刷されます。

デザインの時点でこれらを意識しておけるよう、Canvaの編集画面にも目安となる領域を表示させましょう。

画像6 ファイルの表示設定から、塗り足し領域と余白を表示させる

他の印刷所に入稿する際の注意点

Canvaで作成したデータを他の印刷所に入稿したいときは、PDF形式でダウンロードする必要があります。Illustrator等の画像編集ソフトに対応した形式ではダウンロードできません。

印刷を想定したファイルをダウンロードする際は「PDF(印刷)」を選択して、「トリムマークと塗り足し」および「PDFのフラット化」を選択してダウンロードします。

画像7 ダウンロード時のトリムとフラット選択

ただし、Canvaからダウンロードしたデータが、必ずしも印刷所の仕様に一致するとは限りません。印刷所に入稿を検討する際は、必ず印刷所側の仕様を確認してください。

Canva素材の商用利用の可否

Canvaのテンプレートや画像などの素材は、加工や編集などの手を加えた状態であれば、商用利用や再配布を行うことも可能です。一方、Canvaの素材をそのまま販売・商用利用するのは許可されていません。

また、一部の写真素材には「Editorial Use Only」と記載されています。この記載がある素材は、ニュース等の報道目的にのみ利用でき、商用利用は認められていないためご注意ください。

Lesson 6

作成中のデザインを共有してコラボレーションを依頼する

Canvaで作成したデザインは、リンクを共有してチームメンバーに共同作業を依頼できます。リンクを渡すだけでよく、共有相手はCanvaのアカウントを登録する必要すらありません。

ひとりで悩んでいても進まなかったタスクが、関係者にラフに話を聞いたらあっさりと活路が開けた。仕事を進めていると、そんな場面は少なくないはずです。だからこそ、作成途中のまだ完全でない資料やアウトプットであっても、他のメンバーに見てもらう意義は必ずあります。作り込みが浅ければ、方向性が違ったときに修正も容易です。

また、関係者のアイデアやひらめきを得るだけでなく、仕事を他のメンバーに委譲するときにも、Webアプリの共有機能は役に立ちます。あらゆるWebアプリには何かしらの共有手段が備わっているので、各アプリで特有の具体的な共有方法を把握しておき、必要な場面でさっと使えるとスマートです。

Canvaで作るデザインも、もちろん例外ではありません。行き詰まったときは「まだ途中だから……」とためらわず、他のメンバーに共有してサクッとフィードバックをもらいましょう。

他メンバーにデザインを共有する

Canvaで他のメンバーにデザインを共有するときは、編集画面右上の「共有」メニューから設定します。共有の設定方法は複数あります。

Canvaの共有設定

- アクセスするメンバーやチームを直接指定する
- メールアドレスで招待する
- コラボレーションリンクを発行する

リンク共有であれば、Canvaのアカウントを持っていない人にも共有・編集してもらえます。権限は、表示のみ可・コメント可・編集可の3つから選択します。ただし、Canvaのアカウントがないと、一部の機能が制限されるためご注意ください。

画像1 Canva画面右上の「共有」メニュー

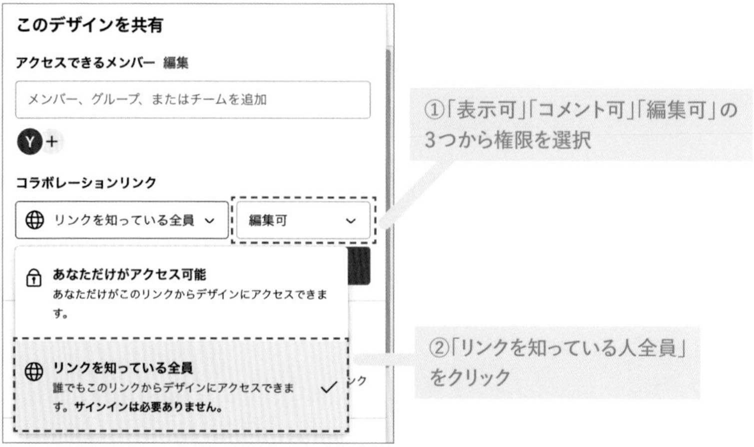

画像2　コラボレーションリンクで「リンクを知っている人全員」を選択する

ページを複製して新たなアイデアを追記する

他人に制作物を見せると、思わぬアイデアやフィードバックがあり、驚くと同時に嬉しくなることも。口頭やテキストでフィードバックを受け取るのももちろんいいですが、せっかくなら直接編集してもらいましょう。

共有時に編集権限を付与して、相手も自由にページを複製・編集できる状態にしておきます。リンクの共有時に、必要に応じてページを複製して編集してもOKだと共有相手に案内すると親切です。

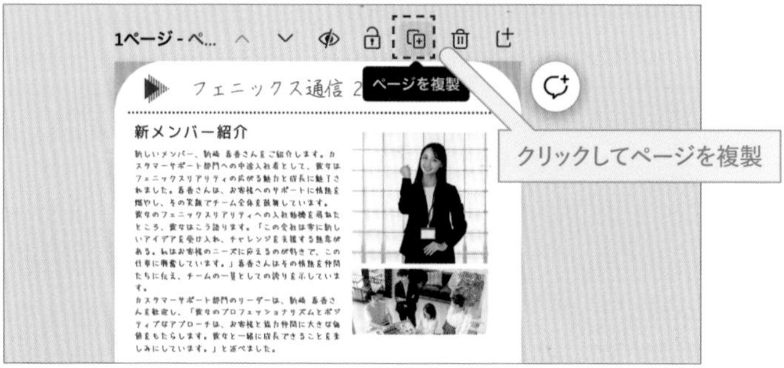

画像3　デザイン内の指定ページを複製する

なお、Canvaのアカウントを持っていないメンバーが編集していると、デザインの編集画面に動物の名前が表示されます。

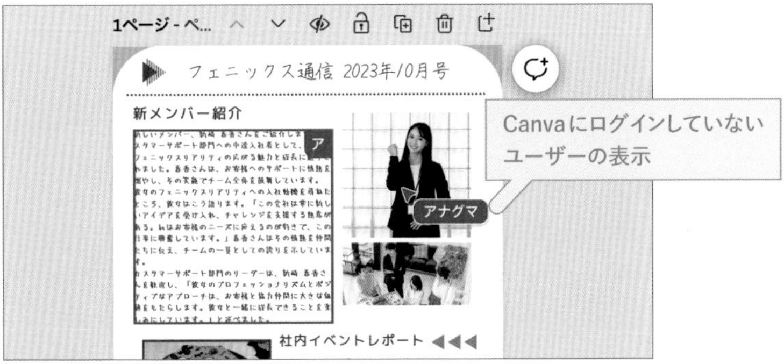

画像4 Canvaにログインしていないユーザーが編集中の表示

Canvaにコメントを入れる

以下の要件を満たしていれば、他の人から共有されたデザインにコメントを追加できます。

- **コメントする人がCanvaにユーザー登録している**
- **共有されたデザインがコメント可または編集可の権限である**

他の人からCanvaのデザインを共有されたときは、積極的にコメントを投稿して、フィードバックをCanva内で完結させましょう。

画像5 画像やテキストにコメントを追加する

Lesson 7

身近なポスターやチラシを作る

会社での仕事や個人事業、趣味の活動、はたまた学校行事や町内会などのコミュニティ活動に至るまで、きちんとした印刷物やポスター、または告知画像を作る機会は意外と多いです。

個人で営むカフェがポストに投函するチラシやクーポン、副業や趣味でイベントに出展する際のお品書き、町内会のイベント告知ポスター、あるいは社内で使う啓蒙ポスターなど、プロに依頼するのはためらうけれど、雑に作るわけにはいかない……。そう頭を悩ませる場面は少なくないでしょう。もちろんプロに依頼できるといいのですが、毎回予算が許すとも限りません。

ちょっとした制作物であれば、Canvaの力を借りて、試しに自分で作ってみるのはいかがでしょうか？

ポスターやチラシは、自分が思っている以上にさまざまな種類があります。Canvaに登録されているあらゆるテンプレートや素材を活用しながら、いいところ取りで目的の画像を作りあげていくのが効率的です。

既存の情報を探す→取り入れたい内容を見つける→組み合わせる、の3段階で、使えるアイデアと素材をどんどん使いながら、最終的にオリジナルのアウトプットを目指しましょう。

Canvaのテンプレートを効率的に探す

Canvaには数多くのテンプレートが登録されています。**カテゴリ表示や検索を駆使して近いイメージのテンプレートを探したのち、修正して手を加えていく**のがCanva活用の近道です。

ただ、テンプレートがあまりに多すぎるため、どう検索すればイメージに近づけるかがやや分かりづらいのも事実。

各テンプレートのタイトルや付属情報には、サイズ・用途・イメージ・色合いなどの情報が含まれます。Canvaの検索バーに「5つ以上の単語で」と書かれている通り、検索単語をシンプルかつ複数指定すると探しやすいです。例えばこんなキーワードで検索してみましょう。

Canvaテンプレートの検索キーワード例

- ポスター 町内会 イベント
- ポストカード カフェ オープン
- B5 チラシ ラーメン屋
- A4 メニュー カフェ カジュアル
- A4 ポスター 子供会 クラブ
- おしながき 食堂 和風
- 商品表 ハンドメイド
- A4 学級だより
- 社内報 シンプル インタビュー
- Instagram カフェ シンプル 写真

また、検索後のテンプレートを任意の条件で絞り込みます。有料の素材が含まれるテンプレートを除外したいとき、色味を絞り込みたいとき、サイズやイメージを指定したいときに活用すると便利です。

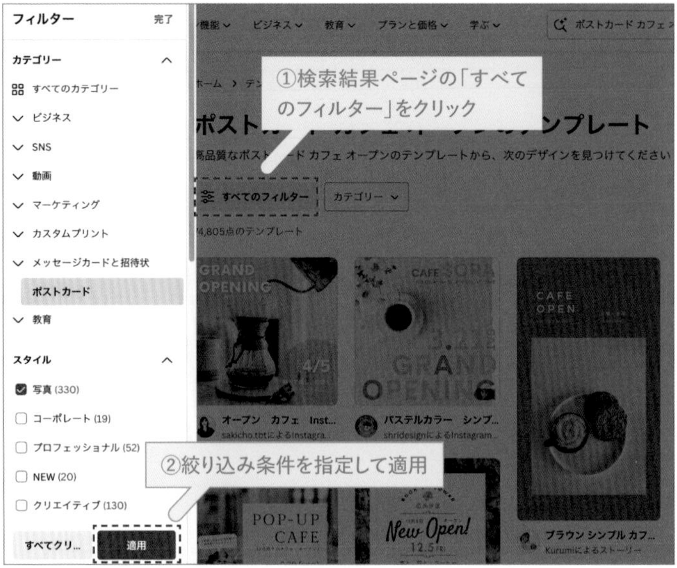

画像1 Canvaテンプレート検索結果の絞り込み

テンプレートや画像にスターをつけて保存する

Canvaでは、気に入ったテンプレートや画像にスターをつけられます。気になるテンプレートを見つけたら、スターをつけてCanva上で保存しておきましょう。

画像2 テンプレートにスターをつける

画像3 プロジェクト内の「スター付き」フォルダ

Canvaでは使える素材があまりにも多いため、素材をつど検索するよりも、気に入ったテンプレートから素材や画像だけを引用するほうが効率的に進められます。そのため、気になったテンプレートはスターをつけて保存しておくと便利です。

作成中のデザインでスターをつけたテンプレートを使いたいときは、デザイン編集画面の「プロジェクト」メニューからスター付きフォルダにアクセスします。

画像4 デザイン編集画面で「スター付き」フォルダにアクセスする

また、デザイン編集画面でもテンプレートや画像にスターをつけられます。対象を右クリックして「スターをつける」を選択します。

画像5 デザイン編集画面でスターをつける

テンプレートを取り込んだ後の画像の差し替え

テンプレートで使われている写真や一部画像の上に、別の画像をドラッグ&ドロップすると、画像だけが差し替えられます。配置は変えたくない、でも写真は差し替えたいというときに便利です。

ただし、画像や図形の種類によっては差し替えられない場合もあります。

画像6 差し替えたい画像の上にドラッグ&ドロップする

配置はそのままで画像
だけが差し替えられる
公園でワインと
チーズを

画像7 画像が差し替えられたデザイン

写真や画像の一部分のみを切り抜く

Canvaのデザインに貼り付けた写真や画像には、一部分のみを切り抜くメニューがあります。

画像をダブルクリックすると「切り抜き」モードとなり、切り抜き用のメニューが表示されます。画像のどの範囲を見せるかをマウス操作で変更できるため、使いたい画像を事前に切り抜いておく必要もありません。画像の一部だけを使いたいときや、横長の画像を正方形にしたいときに活躍する機能です。

ただ、この機能が有効になるのは、原則、写真や画像のみです。図形など、一部切り抜き不可の素材があると認識しておきましょう。

②切り抜きメニュー
が表示される
①切り抜きたい画
像をダブルクリック
キャンセル
完了

画像8 画像の切り抜きモード

モックアップを使って完成イメージを膨らませる

せっかく自分で作ったデザイン、日常に反映されたらどんな感じになるかを事前に見てみたいですよね。実際に壁に貼られたポスターなど、具体的な利用イメージが目に見える形になるのはやはり楽しいです。

Canvaにある「Mockups」アプリを使って、実際の完成イメージを膨らませてみましょう。ホーム画面のアプリメニューでMockupsを選択し、利用シーンを選びます。

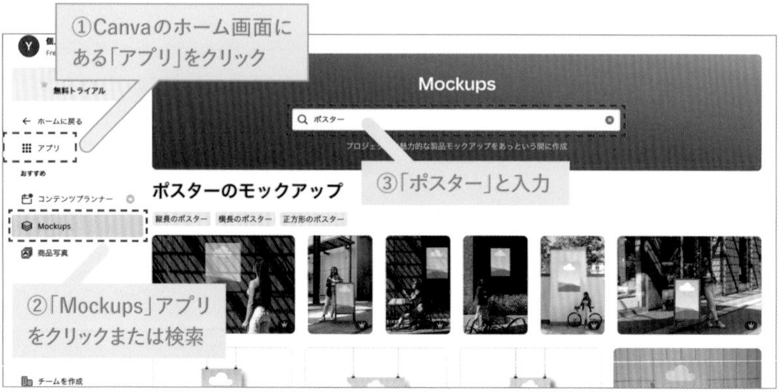

画像9 Canvaのアプリにある「Mockups」にアクセスする

画像10 ポスターの利用シーンを選ぶ

王冠マークのついている利用シーンは有料プランのユーザーのみ使えますが、無料プランでも使えるシーンがいくつかあるのでそちらを指定します。

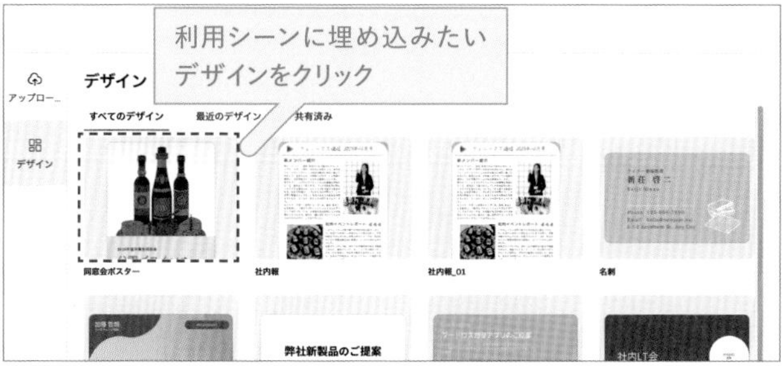

画像11 Mockupsで使うデザインを選択する

作ったデザインを選択して埋め込み画像を生成し、必要に応じてダウンロードします。ダウンロードした画像は、実際の利用イメージとして参考資料などに使えます。

ポスター以外にも、スマートフォンの画面などさまざまなシーンがあるので、いろいろ試してみてくださいね。

画像12 デザインを埋め込んだアウトプット画像

COLUMN

Webアプリは便利ですが、過信は禁物だと身につまされる機会も少なくありません。

Canvaでプレゼンテーションを作成していざ発表だ！と本番に臨む直前、作成したスライドを全画面表示にするとブラウザの動作が停止。ブラウザを再起動しても同じ事象が再発して焦りました。

PCの調子が悪かったのか、スライドが重かったのか、Canvaの不具合だったのかは分かりませんが、過信せず「アクセスできなくなるかもしれない」と折り込んで対策を取っておくのも大事だな……と痛感した次第です。

第3章まとめ

- 文字を入れた画像や写真入りの資料を作ることができる
- A4や16:9などの規定サイズ以外にカスタムサイズでのデザイン作成も可能
- マウス操作がメインで、画像の挿入や差し替えは素材メニューからドラッグ＆ドロップで配置する
- 配色の一括変更など、デザインやプレゼンテーションのページが増えていても内容を変更しやすい

- 8,000種類以上の多様なテンプレートやデザインが用意されている
- Canva内のテンプレートやオブジェクト、画像はスターをつけて保存したのち、編集画面で参照・適用する
- テンプレート検索時のキーワードはシンプルかつ複数記載すると、目的に近い結果が見つかりやすい
- 検索結果からさらに絞り込みもできる

- プレゼンテーション表示や画像のダウンロードは画面右上の「共有」メニューから行う
- 共有設定を使って、他のメンバーにデザインを共有する。相手よるコメント追加や編集も権限により可能
- 名刺やポストカードはCanva上で印刷を注文できる
- 作成したポスター等のデザインは、Mockupsアプリで利用シーンを想定した試作の画像を生成できる

第4章

いいアイデアを
たくさん出したいなら「Miro」

オンラインホワイトボードのMiroは、複数の画像やふせんを取り込み、明確なビジュアルを持ったアイデアやイメージを構築できます。離れた相手に共有して議論の土台に使うのも簡単です。

Lesson 1

ふせんでアイデアを書き出す

アイデアの書き出しといえばふせんとホワイトボード。オフィスでは今でもよく見かける風景です。

ひとりでアイデア出しをするときも、同じようにふせんとホワイトボードを使えたら……とよく考えますが、ひとりでやるにはスペースを取りすぎるし、個人的なプロジェクトだと、自宅で壁に貼り付けてアイデア出しをするのはちょっと気恥ずかしい。リモートワークでは機密情報の面でも心配です。

そんなときにおすすめしたいのが、オンラインホワイトボードのWebアプリ「Miro」です。公式Webサイトでは「ビジュアルワークスペース」と呼ばれています。

オンラインホワイトボードと呼ばれている通り、文字や画像を書き込んだり、ふせんを貼って位置を変えたり、グループを作ったりと、文章で記述するだけでは分かりづらい情報を視覚的にとらえやすくなるのがMiroを使う強みです。

このレッスンでは、個人で使う想定で、まずはふせんを活用したシンプルなアイデア出しを紹介します。Miroの使い勝手にはやや癖がありますが、慣れれば強力なビジュアライズツールとして活用できるでしょう。

新規ボードを作成する

Miroの作業単位は「ボード」です。新しくアイデア出しをしたいときは、ホーム画面から新しいボードを作成します。

Miroの無料プランでは、ボードを3つまで作成・編集できます。4つ目以降もボードを作れますが、編集可能なのは新しく作成した3つ目まで。古いボードは閲覧専用になるため注意しましょう。

Miroのホワイトボードのサイズは無制限なので、完全に個人利用するのであれば、ひとつのホワイトボードに複数のトピックを書いてボード数を節約しながらアイデアを出すのも一手です。

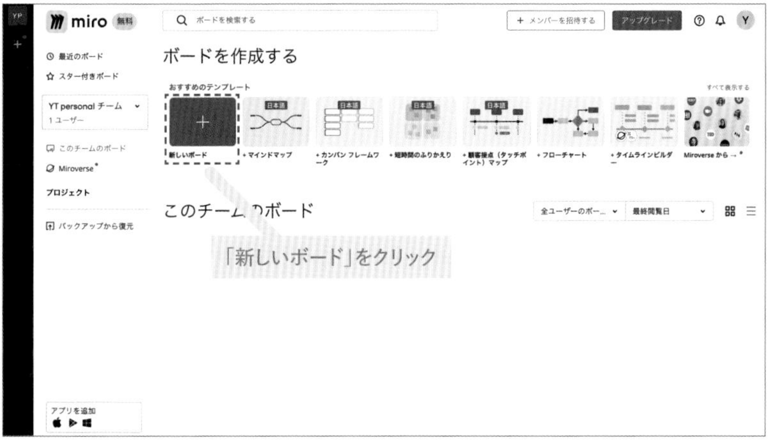

画像1 Miroのダッシュボードで新規ボードを作成する

大量のふせんをまとめて作成する

Miroのボードでアイデアを出す際も、現実のリアルなホワイトボードと同じようにふせんを使うことができます。ただし、現実の環境とは異なり、場所や枚数の制約はありません。

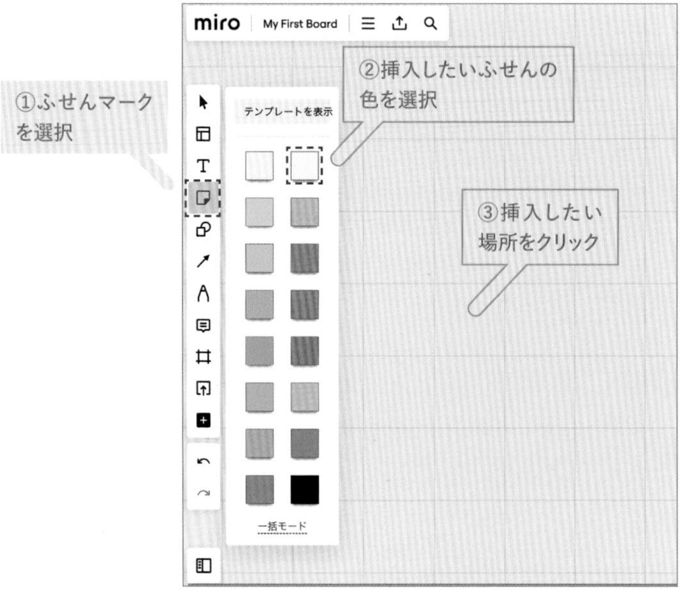
miro
My First Board
①ふせんマークを選択
テンプレートを表示
②挿入したいふせんの色を選択
③挿入したい場所をクリック
一括モード

画像2　ボード上の任意の場所にふせんを追加する

また、ボードのツールバーからふせんを作成し、ふせんにテキストを書いている状態でTabキーを押すと、白紙のふせんが自動生成されます。

アイデア出しはスピード感が勝負です。書き出す際にひとつずつふせんを作成していては、せっかく思いついたアイデアも逃げてしまいます。1枚目のふせんを作成した際にTabキーを連打すれば、事前に空白のふせんをまとめて作ることもできます。

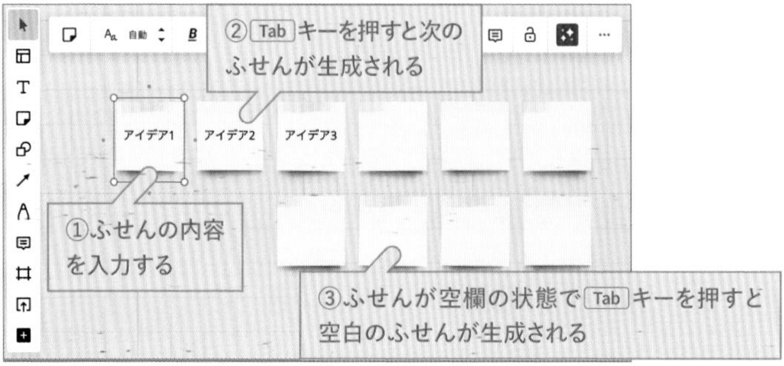
自動
②Tabキーを押すと次のふせんが生成される
アイデア1
アイデア2
アイデア3
①ふせんの内容を入力する
③ふせんが空欄の状態でTabキーを押すと空白のふせんが生成される

画像3　連続でふせんを作成する

また、ふせんを一括作成するモードもあります。ツールバーのふせんメニュー下部にある「一括モード」を選択すると、リストアップする感覚で箇条書きしたアイデアをそのままふせんに変換します。スプレッドシートのセルからコピー＆ペーストして読み込みも可能です。

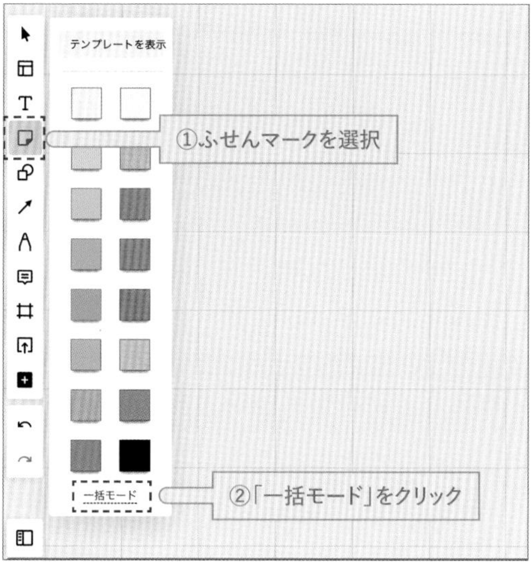

画像4 ボード上の任意の場所にふせんを追加する

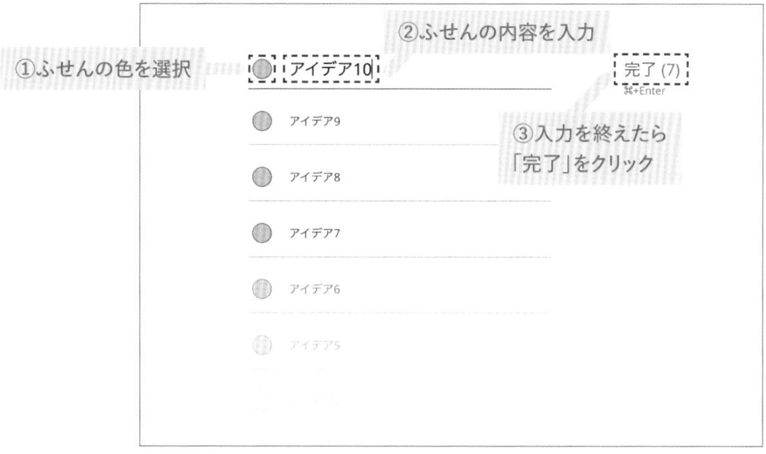

画像5 一括モードによるよるふせん作成

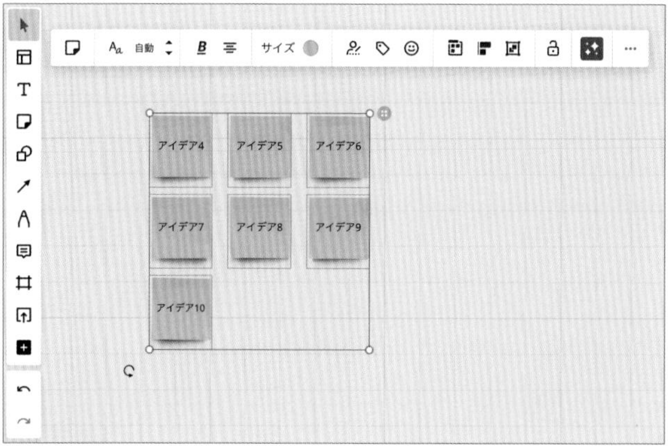

画像6 一括モードで作成したふせんがボードに反映される

ふせんをまとめてグループを作る

作成したふせんは、ドラッグ&ドロップで自由に場所を動かせます。近い場所にふせんをまとめるだけでもグルーピングできますが、Miroのクラスターオブジェクト機能を使えば、複数のふせんを任意の条件でまとめられます。

ふせんを複数選択して、表示されるメニューバーから「オブジェクトのクラスター化」を選択します。複数用意されたクラスター化の種類から用途に応じたものを選択すると、ふせんが自動でグループとしてまとめられます。

オブジェクトのクラスター化の種類

- ふせんの色
- タグ
- 作成者
- キーワード
- Sentiment（似た意見や視点でグループ化）
- 選択したふせん全部でひとつのクラスターを作成

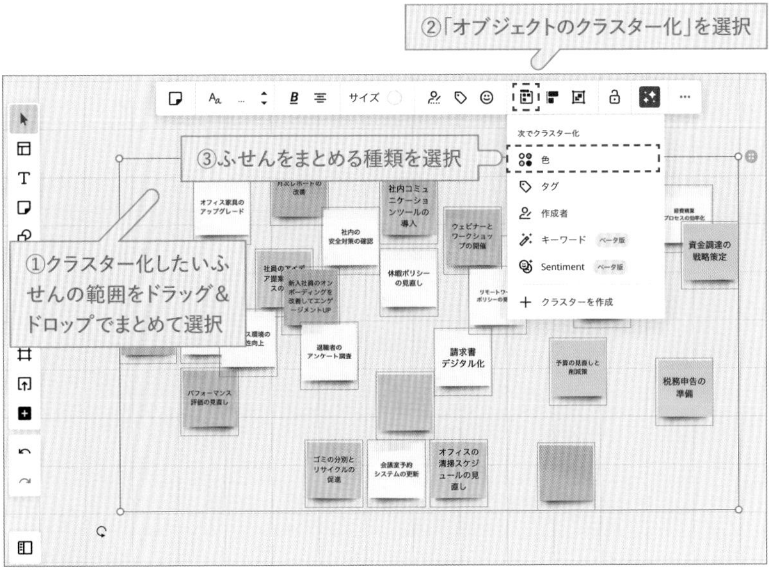

画像7 Miroのクラスター化のメニュー

クラスター化したふせんは、コンテナと呼ばれる箱にまとめられます。コンテナを選択して動かすと、中に入ったふせんもまとめて移動します。ふせんは単独でも動かせるので、任意のグループに移動できます。また、グループ分けをやりなおしたいときは、コンテナのみ削除すればふせんはそのまま維持されます。

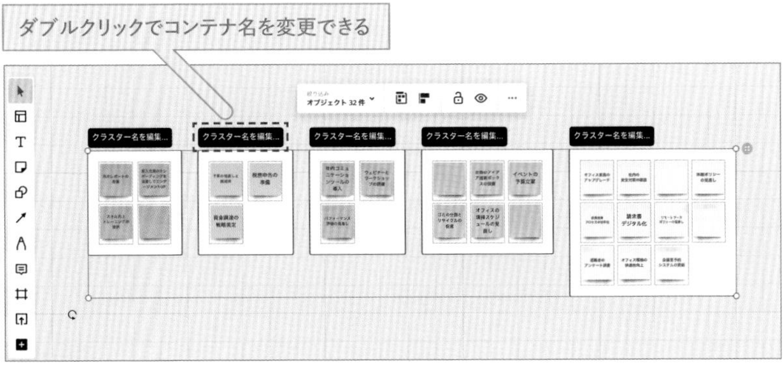

画像8 色別でコンテナにまとめられたふせん

ふせんを別のオブジェクトに変更する

ボード上に仮置きしたふせんのアイデアが正式に採用されれば、ふせんをテキスト等の他オブジェクトに変更する場面も発生するでしょう。その際は、新しいオブジェクトを作成する以外に、ボードに配置したオブジェクトを別の種類に直接変更することができます。

なお、書式やオブジェクトの色など、一部引き継がれない設定があります。リセットされた場合は、必要に応じて再度設定してください。

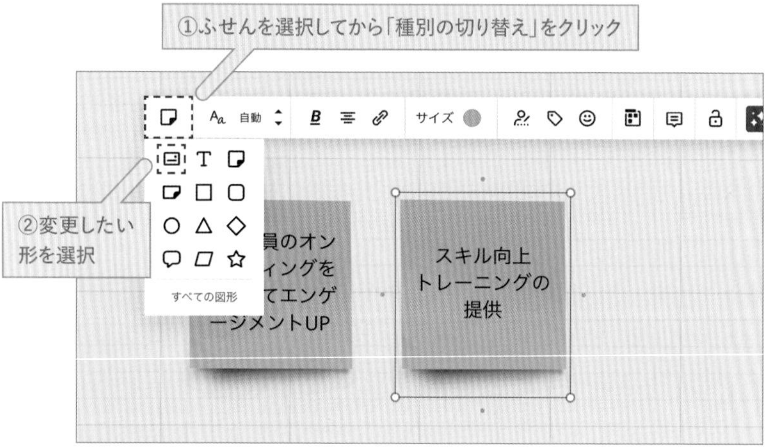

画像9 オブジェクトの種別を変更する

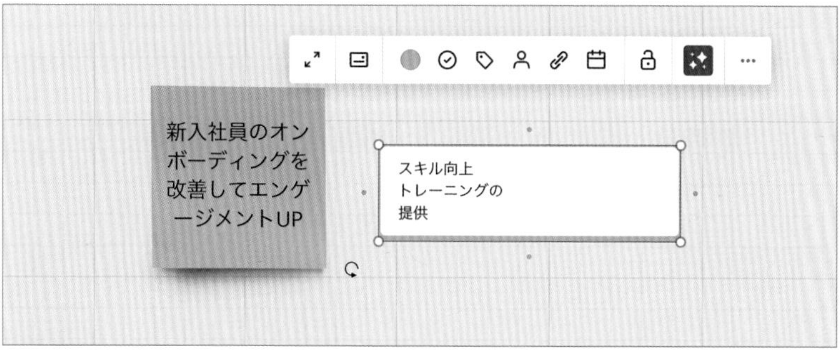

画像10 ふせんのオブジェクトをカードに変更した

表 切り替えられるオブジェクトの種類と用途

オブジェクト名	用途	特徴
ふせん （正方形・長方形）	メモの作成・簡単な ブレインストーミング	クラスター化で 自動グルーピング・ 一括モードの利用
カード	作業やタスクの整理	ステータス・担当者・ 期限などの追記機能
図形（四角・丸・三角形・ 吹き出しなど）	フローチャートや ダイアグラム作成	多数の図形があらかじめ 用意されている
テキスト	図形の囲みのない文章	箇条書きや番号付き リストを作成できる

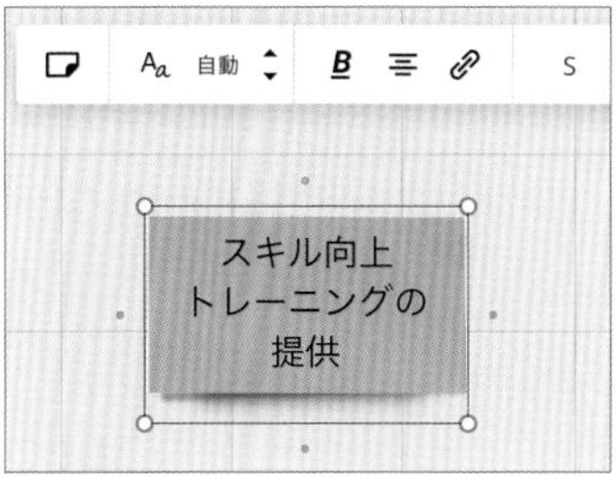

画像11 ふせん（長方形）

画像12 カード

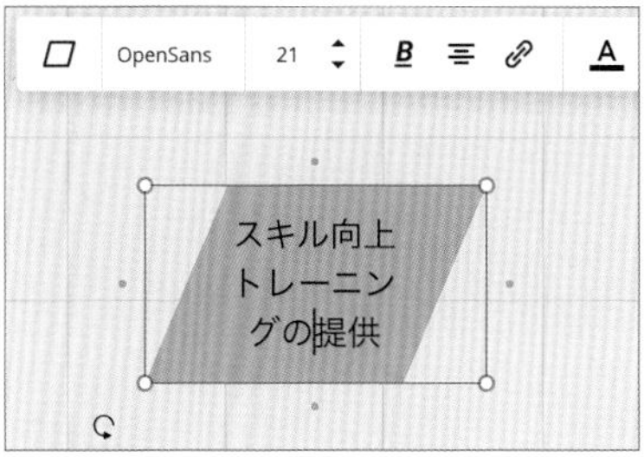

画像13 図形（平行四辺形）

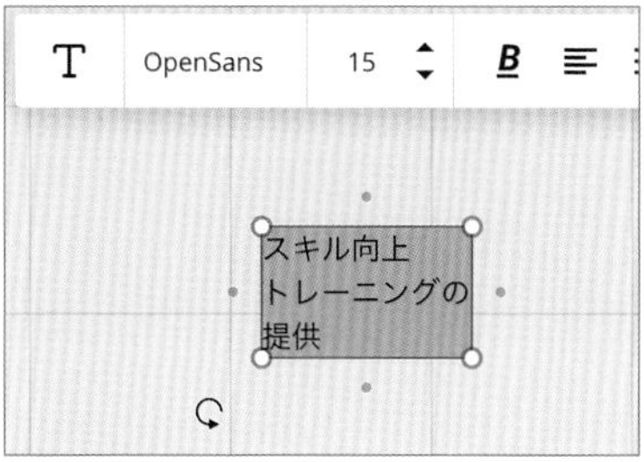

画像14 テキスト

Lesson 2

マインドマップを作る

前のレッスンでは、ふせんでアイデアを書き出す方法を紹介しましたが、ふせんにひたすら書いていくのが得意ではないタイプの人もいます。並列に書き出してグルーピングしていくよりも、芋づる式に考え、ゆるやかな階層構造を作っていくほうが得意なタイプの人もいるでしょう。

そういった、芋づる式に考えを引っ張り出していくための仕組みとして「マインドマップ」があります。

マインドマップは、前のセンテンスから連想ゲームのようにつなげて発想しやすいフレームワークで、放射状に考えを発散していけるのが強みです。ふせんのように後からグルーピングするのは難しくとも、この形だからこそ出てくるアイデアもあるはずです。

一度マインドマップを活用してアイデアを出してみると、自分自身の思考の広がりに驚くかもしれません。ふせんのようにチームで取り組むよりは、ひとりで取り組んだ後にメンバーに共有するのがおすすめです。

新規ボードでマインドマップのテンプレートを使う

マインドマップとは、以下のようなアウトプットです。

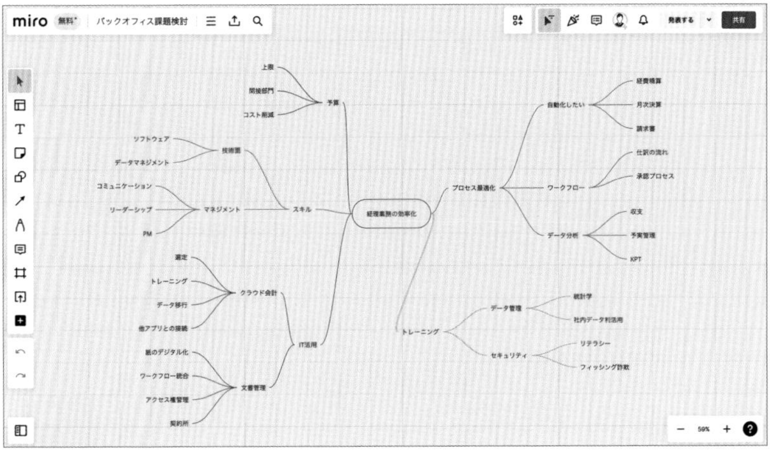

画像1 作成したマインドマップの例

特徴としては、考えるべき概念を中心に置き、連想したアイデアを線でつないで、放射状に枝分かれしてアイデアや思考をアウトプットします。

最初からマインドマップを作る目的でボードを作る際は、テンプレートを選んで新規作成するのがおすすめです。

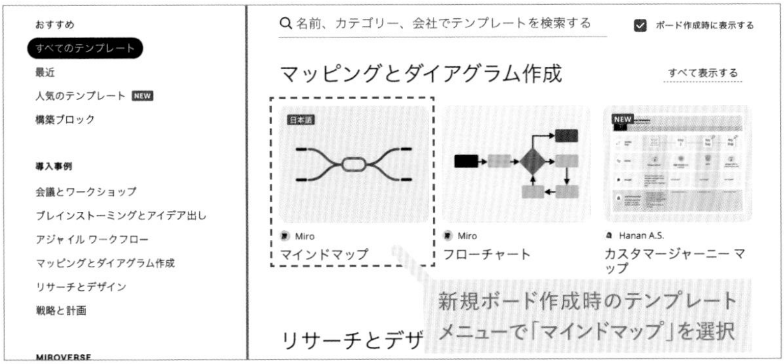

画像2 テンプレートからマインドマップを選択する

作成中のボードにマインドマップを追加する

作成中のボードにマインドマップを追加するには、画面左端にあるツールバーからマインドマップを選択して、任意の位置に配置します。

追加したマインドマップはボード内の任意の場所に移動させられるので、マインドマップが大きくなってきたときはドラッグ&ドロップで配置を変更します。

画像3 画面左端のツールバーから「他のアプリ」を選択

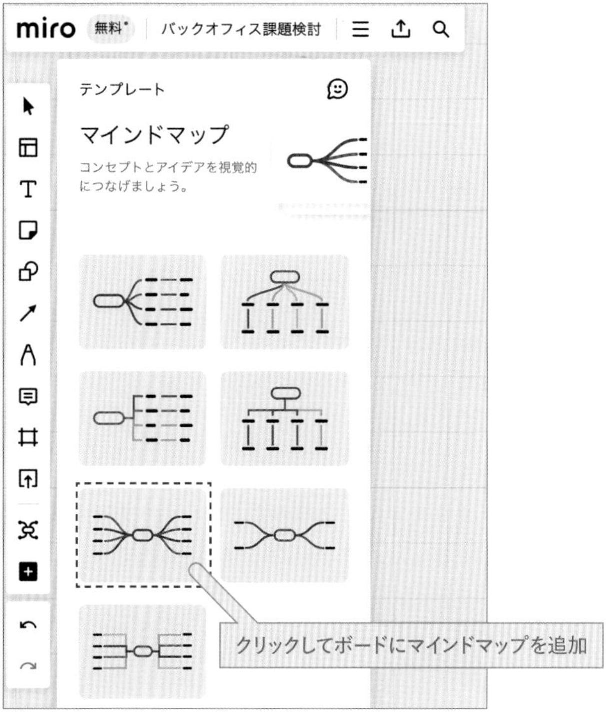

画像4　挿入したいマインドマップの形状を選択

また、作成したマインドマップは、2つ目の枝以降は項目を折りたたんで表示・非表示を変更します。

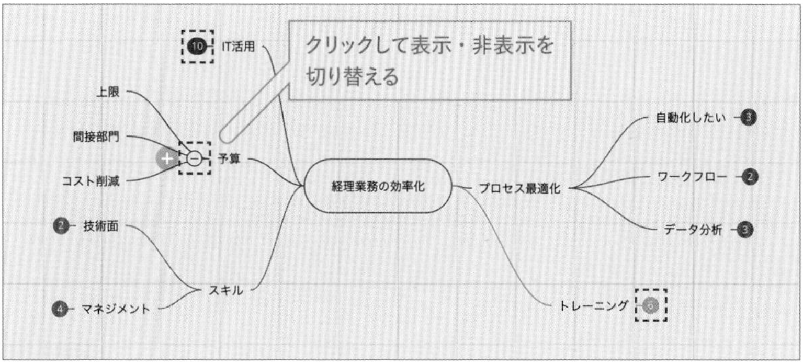

画像5　枝が増えたマインドマップの表示・非表示を切り替える

作成したマインドマップをダウンロードする

作成したマインドマップは、複数の形式でダウンロードできます。Miroのフレーム機能でスライド表示やプレビューの範囲をあらかじめ設定したのち、フレーム単位でダウンロードします。

- 画像ファイル(JPG形式)
- PDFファイル(標準画質)
- CSVファイル

ダウンロードメニューはいくつかありますが、PDFファイルは画面上部のエクスポートメニューからダウンロードします。画像ファイルも同じメニューからもダウンロードできますが、フレームの一覧から出力するほうがスムーズです。

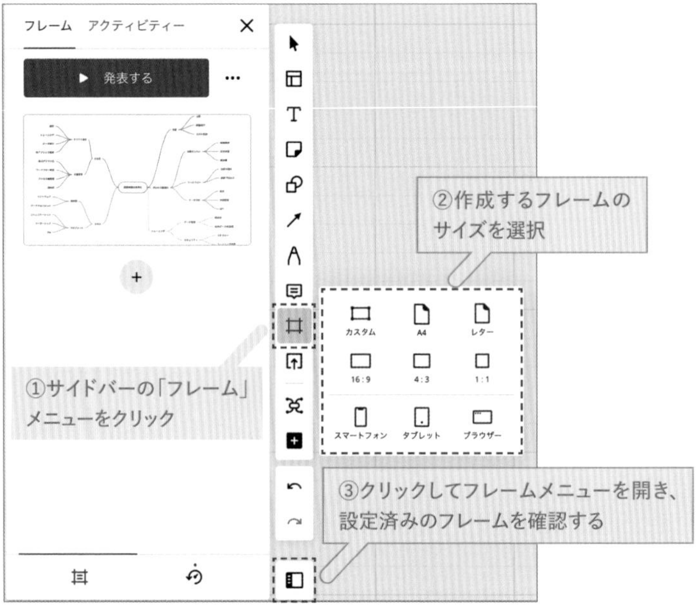

画像6 ダウンロードしたい領域をフレームに設定する

画像7 PDFファイルをダウンロードする

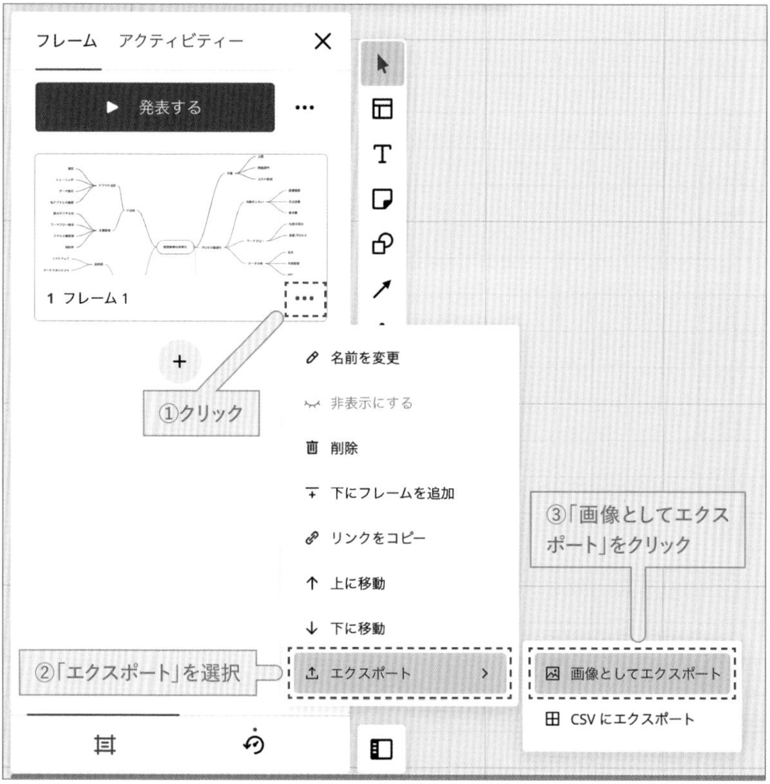

画像8 フレームの一覧から画像ファイルをダウンロードする

階層構造のCSVファイルをダウンロードする

マインドマップは階層構造になっており、発散後の収束フェーズなどを考えるとテキストで出力すると活用の幅が広がります。

階層構造を維持した状態でCSVファイルをダウンロードするには、Miro内のアプリ「Mindmap Downloader」を使います。初回利用時はアクセス許可が必要です。

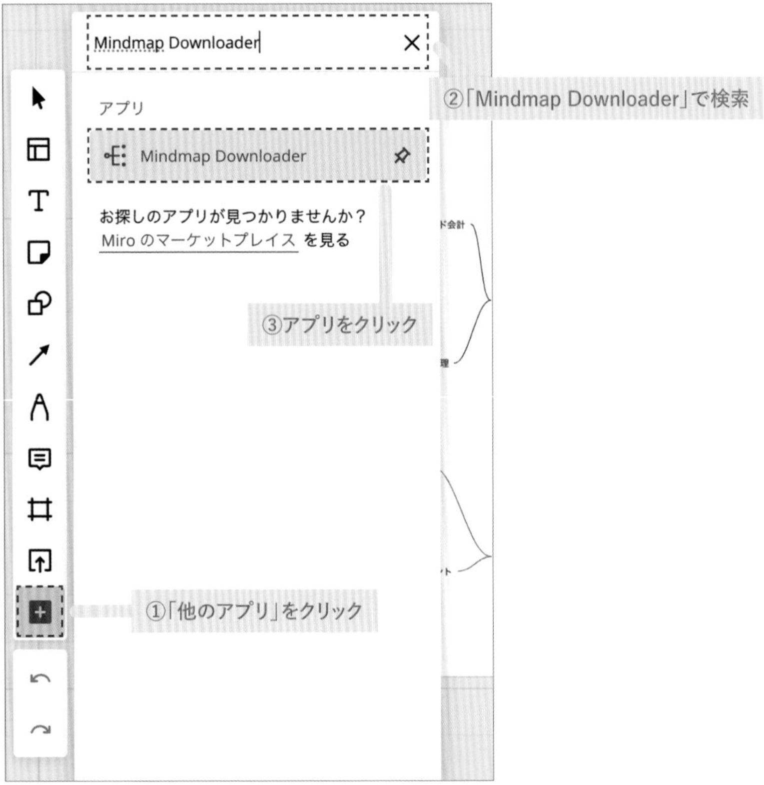

画像9 他のアプリからMindmap Downloaderを検索

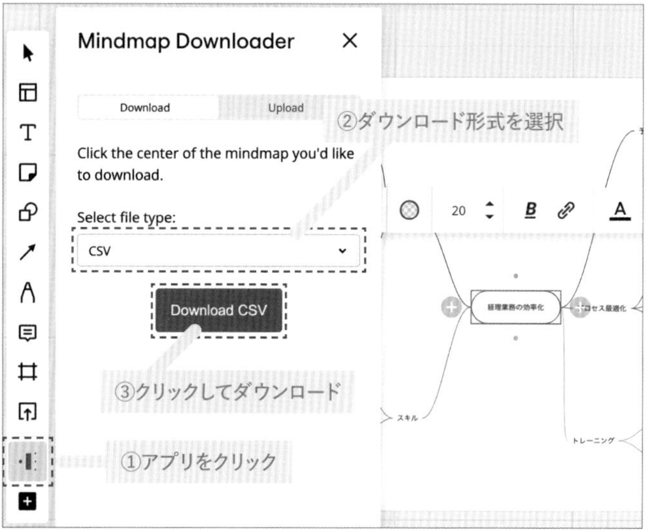

画像10 Mindmap Downloaderでマインドマップをダウンロードする

	A	B	C	D	E
1	Column1	Column2	Column3	Column4	
2	0	1	2	3	
3	経理業務の効	IT活用	文書管理	アクセス権管理	
4	経理業務の効	IT活用	文書管理	ワークフロー統合	
5	経理業務の効	IT活用	文書管理	契約所	
6	経理業務の効	IT活用	文書管理	紙のデジタル化	
7	経理業務の効	IT活用	文書管理		
8	経理業務の効	IT活用	クラウド会計	データ移行	
9	経理業務の効	IT活用	クラウド会計	選定	
10	経理業務の効	IT活用	クラウド会計	トレーニング	
11	経理業務の効	IT活用	クラウド会計	他アプリとの接続	
12	経理業務の効	IT活用	クラウド会計		
13	経理業務の効	IT活用			
14	経理業務の効	スキル	マネジメント	PM	
15	経理業務の効	スキル	マネジメント	コミュニケーション	
16	経理業務の効	スキル	マネジメント	リーダーシップ	
17	経理業務の効	スキル	マネジメント		
18	経理業務の効	スキル	技術面	ソフトウェア	
19	経理業務の効	スキル	技術面	データマネジメント	
20	経理業務の効	スキル	技術面		
21	経理業務の効	スキル			
22	経理業務の効	プロセス最適	ワークフロー	仕訳の流れ	
23	経理業務の効	プロセス最適	ワークフロー	承認プロセス	
24	経理業務の効	プロセス最適	ワークフロー		
25	経理業務の効	プロセス最適	データ分析	収支	
26	経理業務の効	プロセス最適	データ分析	予実管理	
27	経理業務の効	プロセス最適	データ分析	KPT	
28	経理業務の効	プロセス最適	データ分析		

画像11 実際にダウンロードしたCSVファイル

Lesson 3

さまざまなフレームワークを活用する

Miroには、多種多様なシーンで使えるテンプレートが用意されています。その多くが、フレームワークと呼ばれる、アイデアを構造化するための枠組みです。

考え方のフレームワークを使うことで、何もない白紙に放り出されて自由に考えるのとは異なるアイデアや意見を絞り出せます。先のレッスンで紹介したマインドマップもそのひとつです。

個人でも、チームでの利用であっても、考える際の枠組みとしてフレームワークは積極的に使うのがおすすめです。

さまざまなフレームワークがあり、それらをMiroのテンプレートとして使えると事前に知っておけば、いざブレストやアイデア出しの際に「あれを使ってみよう」とひらめくかもしれません。

どんな枠組みで考えるかによってアウトプットも変わります。恐れずに枠組みを変えながら、新しい視点を自ら学んでいきましょう。

Miroで使えるさまざまなフレームワーク

Miroには、個人で使えるテンプレートはもちろん、チームで使うと有用なテンプレートも多数用意されています。Miroが公式で配布するテンプレート以外に、Miroのユーザーが公開しているフレームワークも含まれています。

ひとりで使えるテンプレート

- マインドマップ
- タスク管理テンプレート
- ふせんセット
- マンダラチャート
- SCAMPER法
- 各種アプリケーションのアーキテクチャー図

チームで使うと有用なテンプレート

- ブレインライティング
- OKR計画
- デイリースタンドアップ
- カンバンフレームワーク
- プロジェクトキックオフ
- ワークフロー
- カスタマージャーニーマップ
- ユーザーペルソナ
- ふりかえりテンプレート
- ビジュアルテーブル
- ジョハリの窓

また、有料プランにアップグレードすると、自分のチームオリジナルのカスタムテンプレートを作成できます。

フレームワークとして設計されたテンプレートを使うと、今まで思いつかなかったアイデアを発想するきっかけになる、発散していたアイデアが適切にグルーピングされる、といった効果が期待できます。

テンプレートの内容を確認する・ダウンロードする

Miroで新しいボードを作成する際には、新規テンプレートの選択画面が表示される設定になっています。テンプレート選択をオフにしたいときは、画面右上の「ボード作成時に表示する」チェックを外します。

画像1 新規ボード作成時のテンプレート選択メニュー

どんな使い方をすればいいか分からないテンプレートは、「入力済みを使用」を選択すると、サンプルデータが入力された状態のテンプレートがボードに挿入されます。

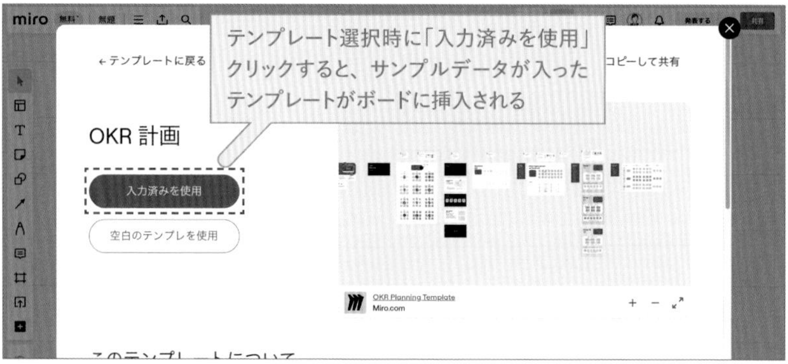

画像2 テンプレート選択時に「入力済みを使用」を選択する

テンプレートは便利ですが、どのテンプレートを使うか迷って時間を浪費するのはもったいない。どのテンプレートを選ぶか迷うくらいなら、いったん白紙でボードを作って、以下の操作を参考に後からテンプレートを追加しましょう。

既存のボードにテンプレートを追加する

新しいボードの作成時だけでなく、すでに作成中のボードにも、ここまで紹介したテンプレートを自由に追加できます。ひとつのボード内に複数のフレームワークを追加するのも容易です。

Miroのボードメニューから「テンプレートメニュー」を選択して、新規ボード作成時と同様のテンプレート選択画面を表示させます。選択したテンプレートは任意の場所に挿入します。

画像3 Miroのボード上でテンプレートメニューを選択する

既存のボードへのテンプレート適用は、一度出したアイデアを別のフレームワークを使って考え直したい、といった場合に使えます。Miroのボードは無限大なので、実用に耐えうる範囲でどんどん広げていきましょう。

ボードにグリッド（表）を挿入する

テンプレートでまとめるほどではない、でも書き出した情報を整理したい。

そんなときは、ボードにグリッド（表）を挿入すると便利です。

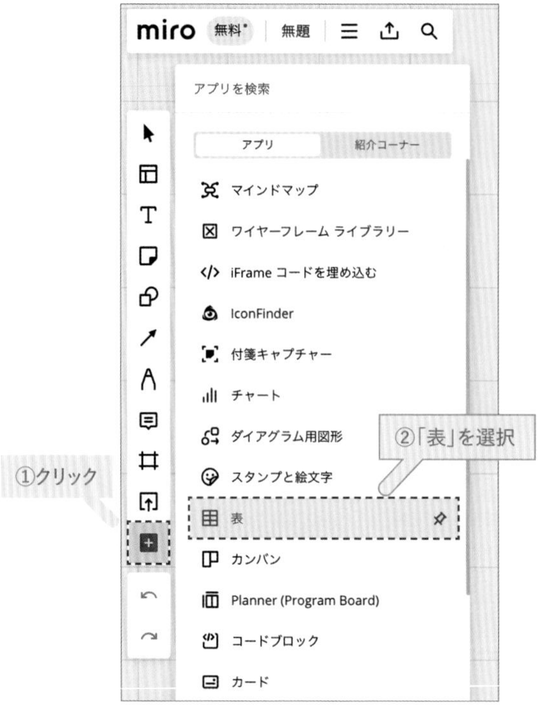

画像4 Miroのボードにグリッド（表）を挿入する

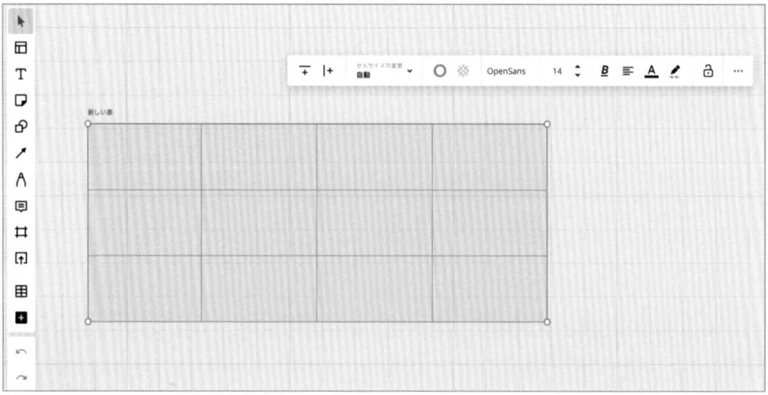

画像5 挿入されたグリッド

グリッドにはテキストを追加するだけでなく、ふせんや画像をドラッグ&ドロップしてセルの中に収められます。また、行や列の配置の入れ替えもドラッグ&ドロップで簡単です。

グリッド内のセルのサイズは、挿入されるオブジェクトに合わせて、ある程度自動で変更されるようになっています。手動で変更したい場合は、自動サイズ変更をオフに設定します。

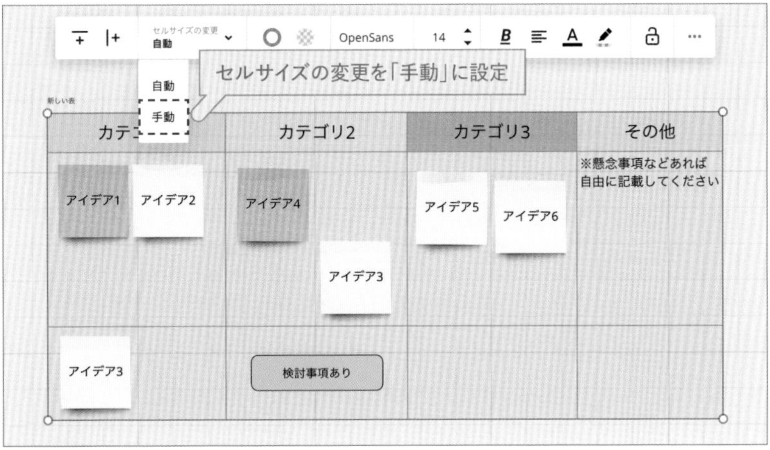

画像6 グリッドの設定で自動サイズ変更をオフにする

COLUMN

Miroのボードサイズは無限大ですが、ヘルプページによると、ボードに追加できるオブジェクト（ふせんや図形、画像など）の数は最大10万個までとのこと。ただし、オブジェクト数が1000個を超えると、Miroを快適に利用できない可能性があるそうです。

ボード上のオブジェクト数を確認するには、キーボードショートカットですべてのオブジェクトを選択します。WindowsはCtrlキー＋Aキー、Macでは⌘キー＋Aキーです。

Lesson 4

画像や写真を貼って アイデアを膨らませる

画像や写真、カラーチャート、テキスト等を使用してデザインやコンセプトを視覚的に伝えるためのプレゼンテーション様式を「ムードボード」と呼びます。

ただ、ムードボードと名前をつけて仰々しくせずとも、写真や画像を貼ってアイデアのイメージを膨らませるのは、プロジェクトの初期段階では特に有効です。

Miroのボードサイズはほぼ無限で、システム的には外枠が規定されていません。この特性を活かして、アイデアを思うままに広げていけます。

ふせんやマインドマップのような文字情報だけではイメージしづらい内容も、画像や写真を追加して内容を補強すれば、想像力が刺激され、新しいアイデアが広がるきっかけになります。

また、イメージ画像や写真を添付しておくのは、他のメンバーに共有するときにも役立ちます。複雑なアイデアやイメージは、文字情報だけで書くよりは、図式・画像・写真・引き出し線などあらゆる要素を活用して伝えるのが得策です。

同じ情報でも、テキストだけで書くのと図があるのとでは理解度が変わります。後日ボードを見返す自分のためにも、そして共有相手のためにも、文字以外のあらゆる情報をうまく活用しましょう。

ボードに画像をアップロードする

Miroのボード上に写真やイラストなどの画像ファイルをアップロードすると、ボード上のオブジェクトとして移動、拡大・縮小したり、コメントを追加できるようになります。

画像1 Miroのボードに画像をアップロードする

また、Miroのメニューから Google画像検索のアプリを起動して、検索結果として表示された画像を直接インポートすることも可能です。イメージに合う画像ファイルが見つからないときや、手早く類似画像を集めたいときに活用します。

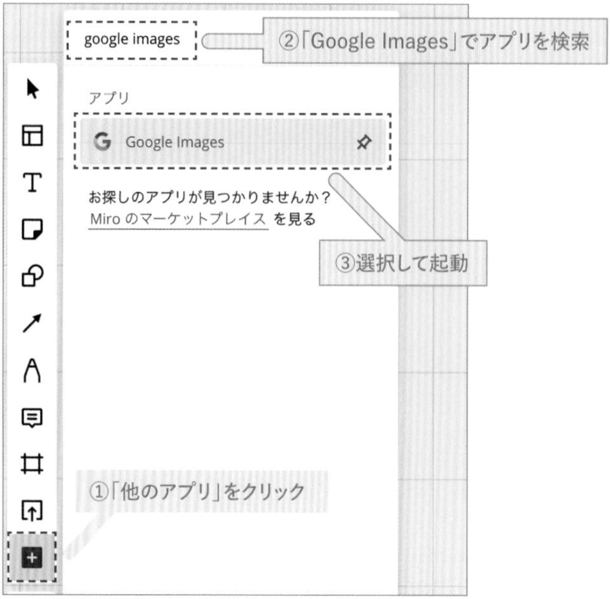

画像2 Google画像検索を使う「Google Images」アプリを起動する

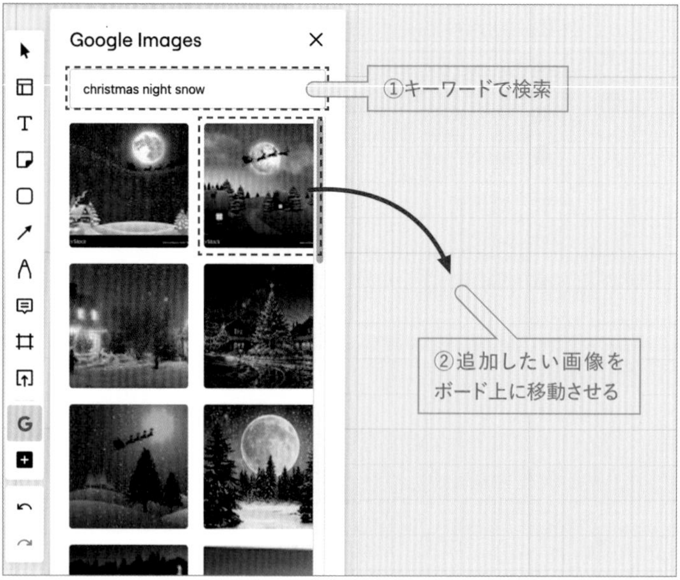

画像3 画像を検索して挿入する

「マスクとトリミング」メニューで、ボードに追加した画像の縦横比や切り取る形を選択します。正方形や3:4の縦横比を選べる他、円形で切り取る柔らかい印象です。

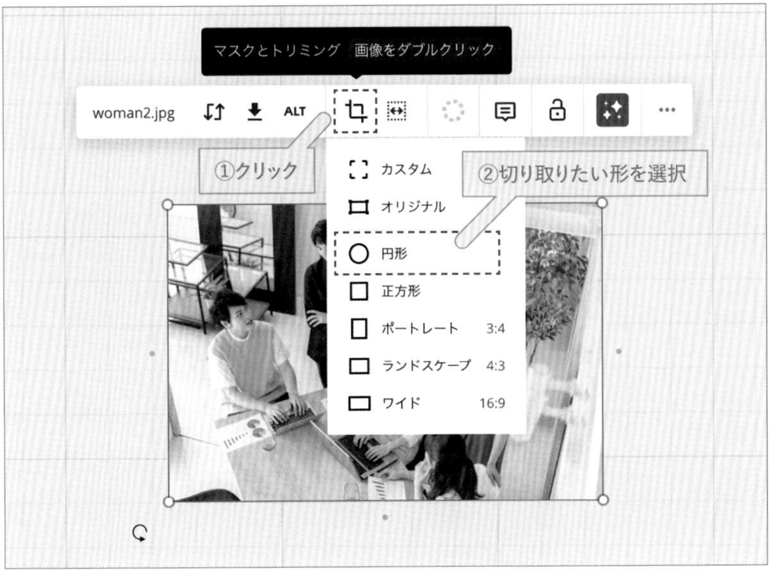

画像4　画像をクリックした際のメニューで「マスクとトリミング」を選択

画像5　画像を円形にトリミングする

説明書きなどのテキスト情報とアップロードした画像をセットにしたい場合は、画像の近くにテキストオブジェクトを配置してグループ化します。オブジェクトをグループ化すると、一括で移動・拡大縮小などができるようになります。マウスカーソルをドラッグしてオブジェクトを複数選択すると、グループ化のメニューが表示されます。

画像6 オブジェクトを複数選択してグループ化する

線と矢印を活用して関係性を示す

Miroのボードに挿入した画像は、他のオブジェクトと同様、線や矢印を追加してオブジェクト同士をつなげられます。他の画像やオブジェクトとの関係性を示す際に便利です。

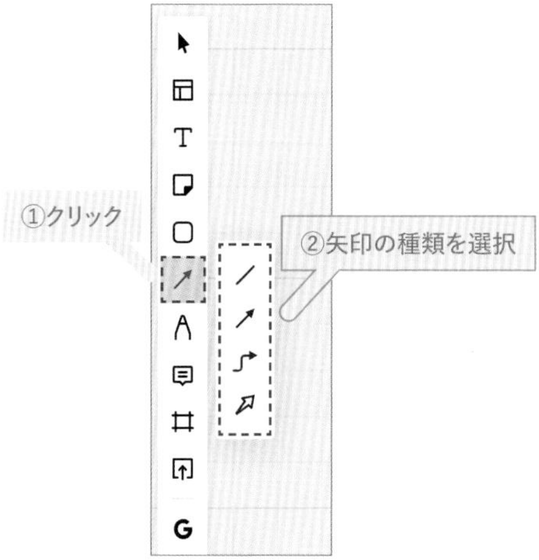

画像7 線と矢印を追加する

「線と矢印」の機能では、以下の設定を編集します。ただの線にする・矢印を両方向にする等の設定変更が可能です。また、線の上にテキストを追加し、文字情報で相関関係を表すのも容易です。

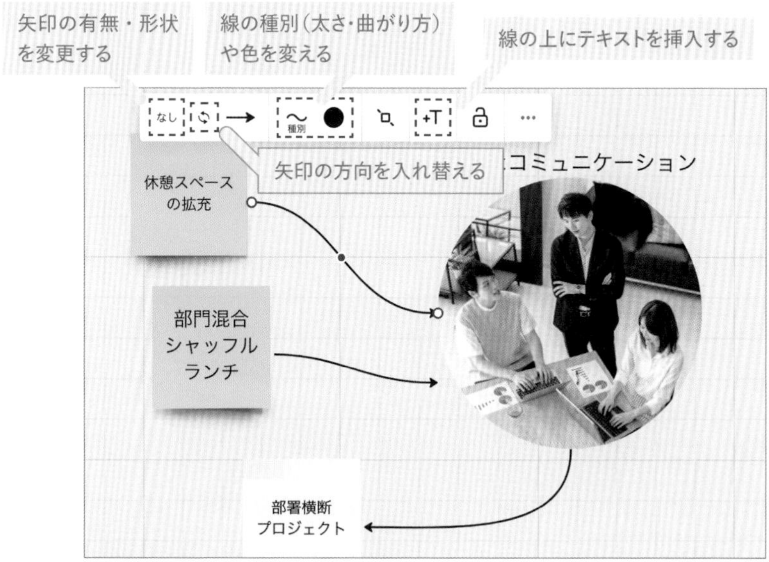

画像8 線と矢印の設定を変更する

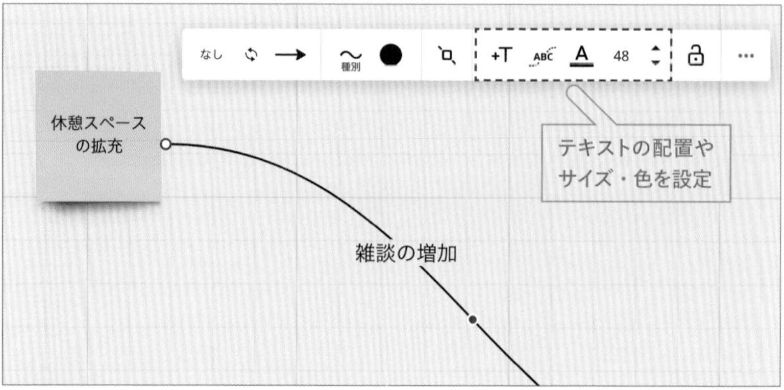

画像9 線の上にテキストを追加する

線に表示されている青いドットをマウスでドラッグすると、配置した線を自由に曲げられます。曲げた矢印には白いドットが表示され、取り消したい場合は白いドットをダブルクリックします。

線は他のオブジェクトと自由につなげられるため、テキストとつなげて引き出し線のように使うこともできます。

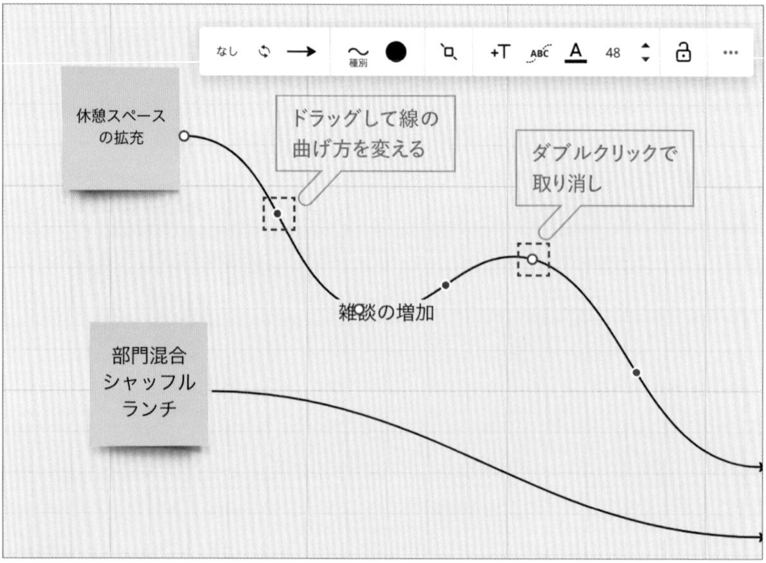

画像10 白いドットと青いドットで線の曲げ方を変える

ボードをPDFや画像としてダウンロードする

Miroで作成したボードは、いくつかの方法でダウンロード（エクスポート）することができます。

- フレーム単位でエクスポート（画像・PDF）
- ボード内の任意のエリアを画像として保存
- ボードの各要素をPDFファイルで保存

ボード内の任意のエリアを画像として保存するのがもっとも手軽な方法です。ボード上部の「共有」メニューで「画像として保存」を選択し、出力したい範囲を四角の枠で囲みます。

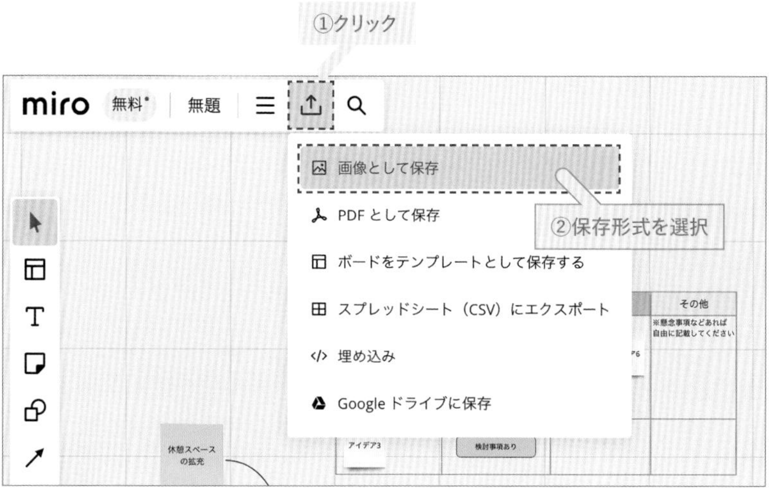

画像11 ボードの「共有」メニューから「画像として保存」を選択

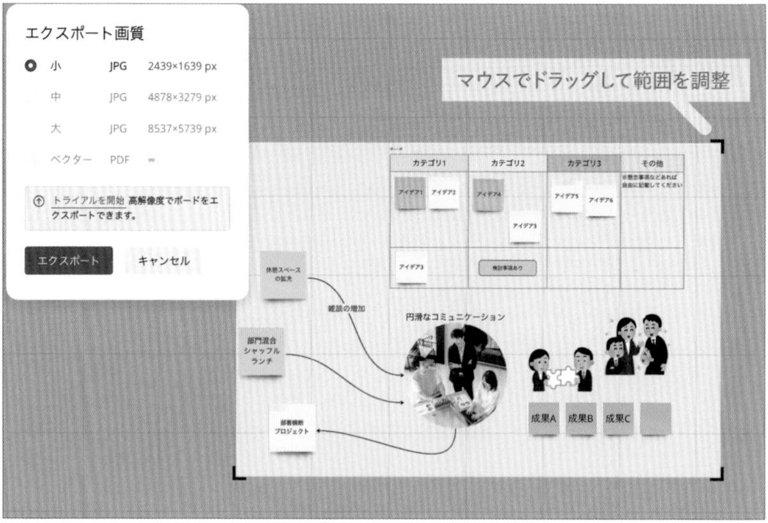

画像12 画像として保存する範囲を選択する

ボードを複数ページのPDFファイルとして出力したい場合は、フレームの設定が必要です。フレームを設定していない状態で「PDFとして保存」を選択すると、ポップアップのメッセージと共に、フレームを作成するボタンが表示されます。

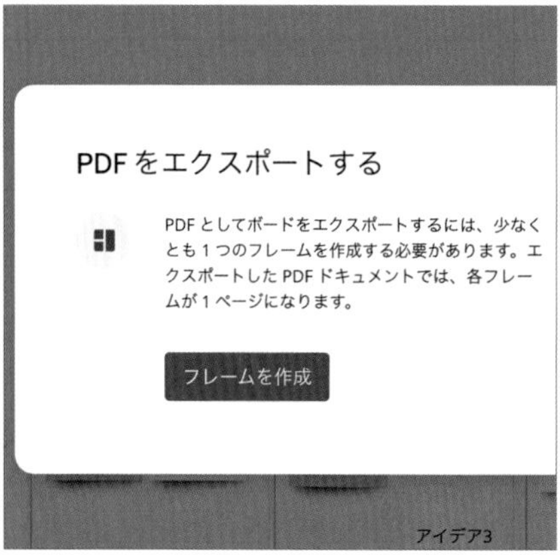

画像13 「PDFとして保存」を選択するとメッセージが表示される

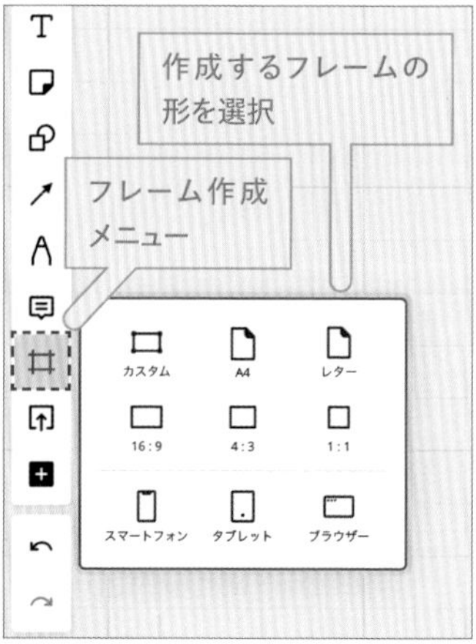

画像14 フレームを作成する画面

作成したフレームは、Miroのボード画面でサイドバーを開いて確認し、必要に応じて順番を並べ替えられます。

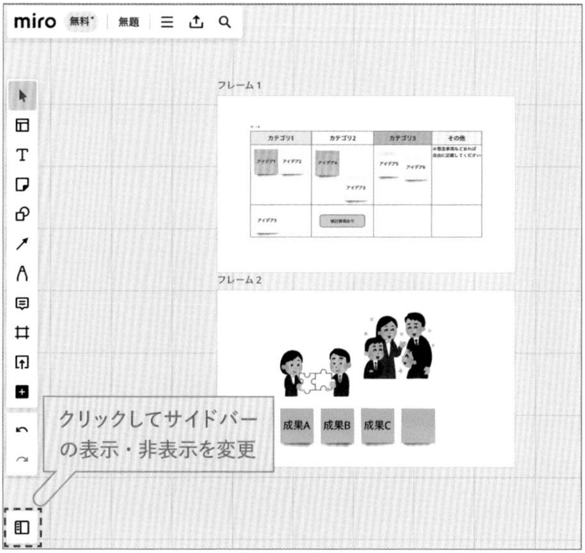

画像15 サイドバーが非表示の状態

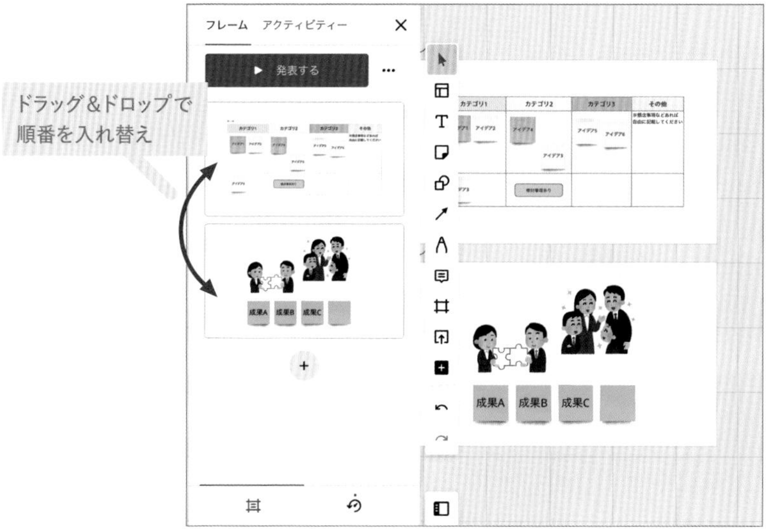

画像16 サイドバーが表示された状態

Lesson 5

オンラインミーティングで共創する

チーム単位でのアイデア出しやブレインストーミングといえば、全員で集まってホワイトボードで……というのが主流でしたが、リモートワークやオンラインミーティングが働き方に根づいた今となっては、チームメンバー全員がホワイトボードの前に頻繁に集まれるとも限りません。

直接対面で会っていなくとも、インターネットや便利なITツール、この本で紹介しているようなWebアプリを駆使して、チームや会社が出すべき成果を出している事例は多々あります。

一方で、オンライン化によりテキストコミュニケーションが主流になり、テキストベースでは伝わりづらい内容があるのは事実。特に0→1のアイデア出しやブレインストーミングを行う段階では、テキストだと思考が制限されてしまう、と考えてしまう人は少なくないようです。

どうしても文章では弱くなってしまうアイデア出しは、Miroで視覚化しつつチームメンバーで議論するのがおすすめです。Miroであれば、便利なWebアプリの利点を活かしながら、視覚的なアイデア出しや共創に取り組めます。

公開用リンクでボードを他の人に見てもらう

Miroのボードを他の人に見てもらう際は、公開用のリンクを発行します。

リンクを知っている人であれば、Miroのアカウントを持っていなくても、対象のボードを自由に閲覧できます。

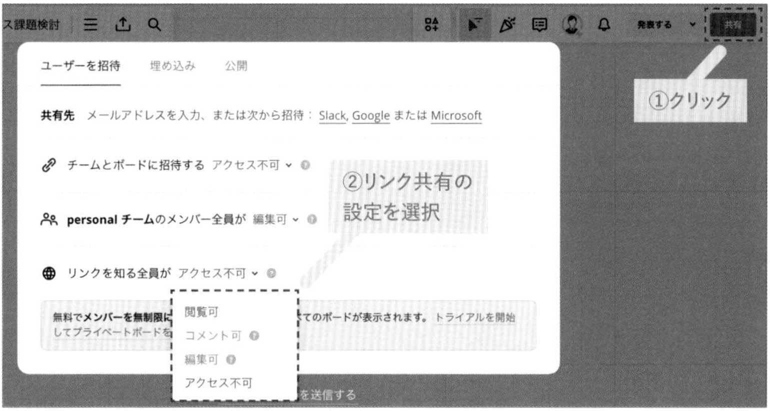

画像1　ボードのリンク共有設定

ただし、**リンクを知っていれば誰でも閲覧できる状態のため、会社の機密情報や個人情報が記載されたボードを公開するのは避けましょう**。

そういった情報を含むボードを社内で共有する際は、共有相手をMiroのチームに招待してチーム単位で管理しましょう。手軽に使えるWebアプリだからこそ、権限は必要最小限に設定するのが賢明です。

ボードにチームメンバーを招待して共有する

Miroのチームに他のメンバーを招待すると、チームメンバー全員が、チーム内のすべてのボードを編集または閲覧できる状態になります。特定のメールアドレス宛に招待を送る他、招待用のURLを発行してチームメンバーに共有も可能です。

無料プランで作成できるボードは3つまでですが、チームへの招待人数に上限はありません。

招待されたチームメンバーも、作成者と同様にボードの更新が可能になります。ふせんを作成して書き込む、画像を追加する、コメントを書くといった操作を必要に応じて実施してもらうよう伝えてください。

画像2 Miroのチームにメンバーを招待する

画像3 チームに所属するユーザーの一覧

画像4 チームに他のメンバーを招待する

ふせんに絵文字リアクションを追加する

同時に、あるいは時間差で複数人がボードにアイデア出しをする際は、ふせんへの絵文字リアクションでアイデアに反応をつけておくと、気軽なコミュニケーションが実現します。

ふせんに追加した絵文字は、もう一度クリックすると削除されます。

なお、Miroにはふせんへの投票機能もありますが、この投票機能は有料プランで利用可能です。

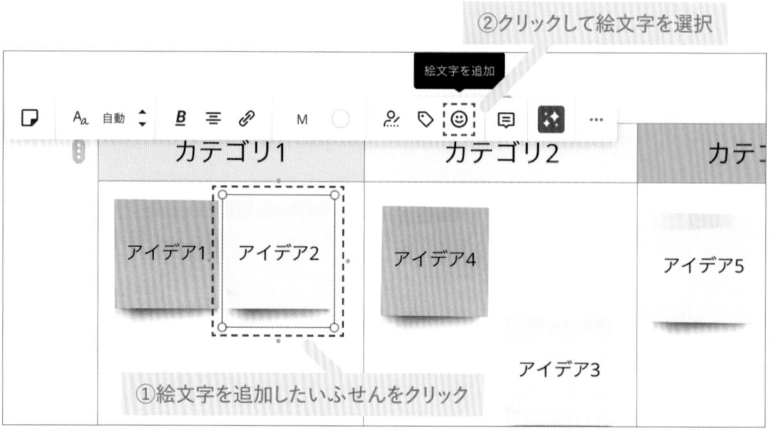

画像5 ふせんに絵文字リアクションを追加する

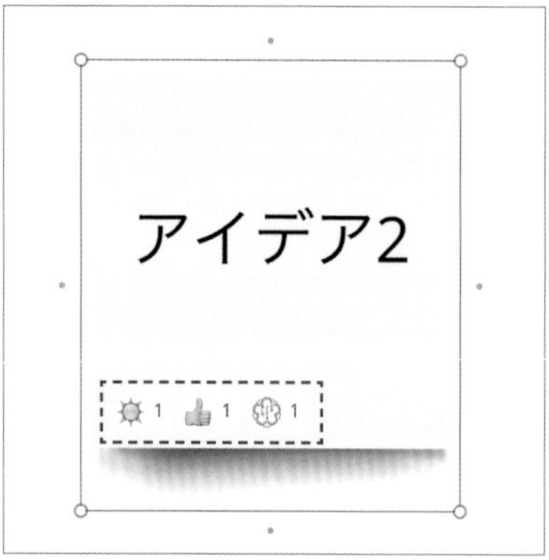

画像6 絵文字が複数追加されたふせん

ボードを開いた際の開始画面を設定する

ボードの規模が大きくなってきたら、ボードを開いた際にデフォルトで開く領域を指定することを推奨します。

Miroのボードは実質無限大なので、最初に開いたときにアクセスしてほしい画面をこちらで決めておくと、共有する相手にも親切です。

ボードを開いたチームメンバーが「どこに書けばいいんだ……？」と迷うのは時間の無駄でしかありません。ボードにアクセスしたチームメンバーに親切であるよう、仕組みでカバーしましょう。

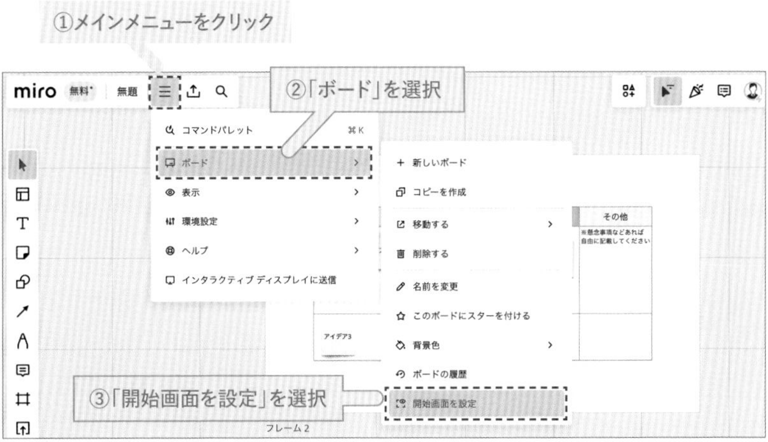

画像7 ボードの開始画面を設定する

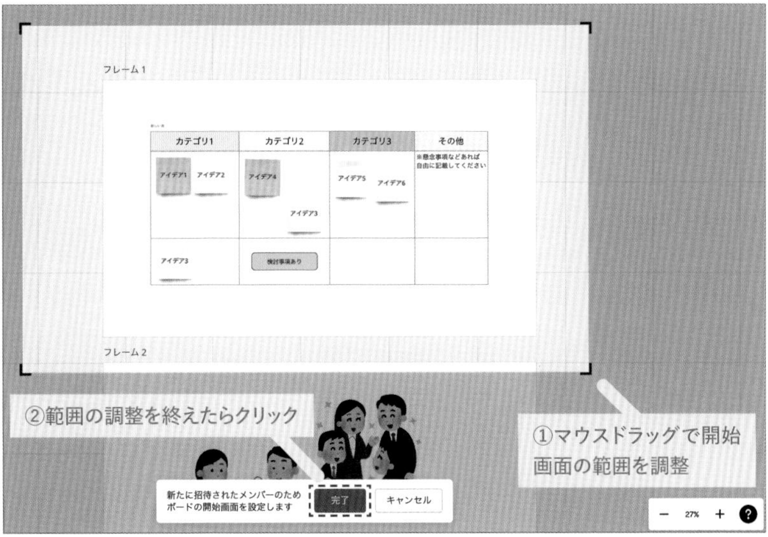

画像8 開始画面の指定

ボードのサムネイル画像を分かりやすく変更する

ダッシュボードで表示されるボードの画像(サムネイル)を変更すると、他のメンバーもボードを判別しやすくなります。サムネイルは、約40種類のMiroデフォルト画像から選択する、任意の画像をアップロードする他、ボードの任意のエリアを選択してサムネイルとしても指定できます。

ボードの任意のエリアを選択する際は、一度ボードを表示させた上で設定画面にアクセスします。デフォルト画像の指定と画像アップロードは、Miroのダッシュボード画面でも設定が可能です。

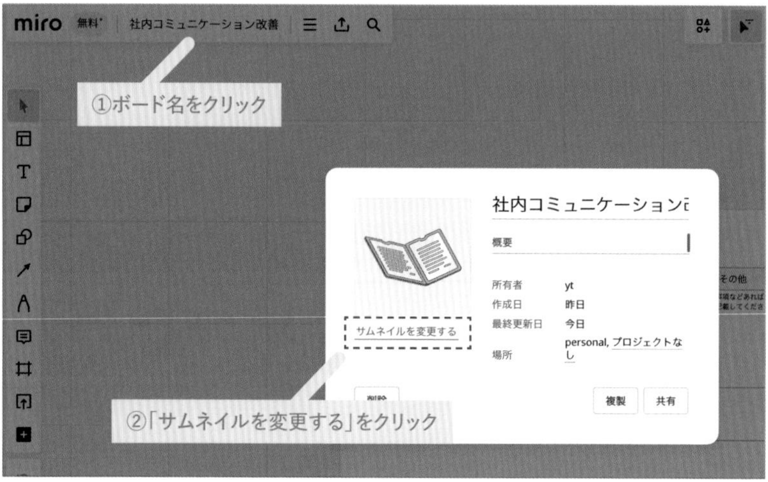

画像9 ボード設定からサムネイルを変更する

画像10 ボードのサムネイルを選択する

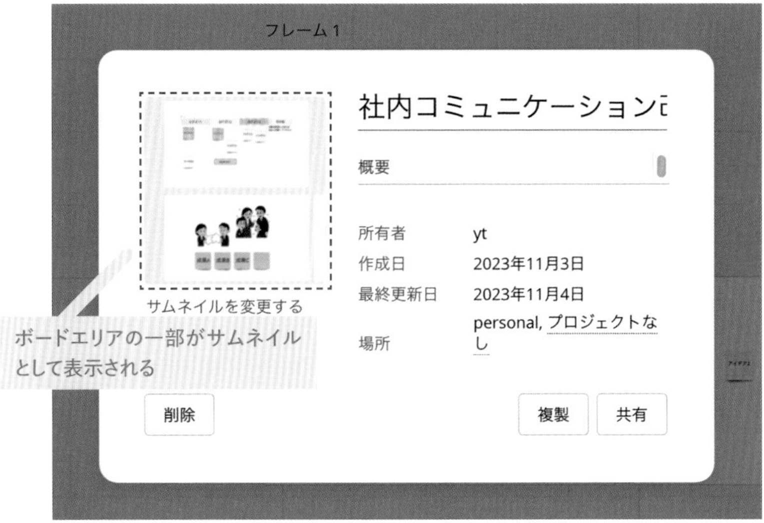

画像11 ボードの任意エリアの画像をサムネイルに設定した場合の表示

第4章まとめ

- Miroは無制限の広さのオンラインホワイトボードを使えるWebアプリ
- 無料プランで作成できるボードは3つまで。4つ目以降は古いものから閲覧のみの設定になる
- マインドマップを始めとする「考えるためのフレームワーク」がテンプレートで用意されている
- サンプルデータ入力済みのテンプレートでは記入例も見られる

- Tab キーや一括モードでまとめてふせんを作成してアイデアを出す
- 「クラスター化」機能でふせんをグルーピングする
- アップロードした画像やGoogle Imagesアプリの検索結果をボードに取り込み、画像をオブジェクトと同じように使う
- 画像やふせん、他のオブジェクトを線でつないで関係性を示す

- ボード全体や任意の範囲を、画像またはPDFファイルでダウンロードできる
- PDFファイルでダウンロードする際はフレームの設定が必要
- Miroのチームにメンバーを招待すると、チーム内のボードをすべて参照できる
- ボードは他の人も見る可能性があるため、開始画面やサムネイル設定などの配慮をしておく

第5章

チームでタスクを可視化して管理したいなら「Trello」

プロジェクト管理アプリ・Trelloはシンプルな構造で、自分やチームメンバーが使い始める際にも負荷がかかりません。一覧での俯瞰と各カードの詳細を手軽に切り替えて、スムーズな情報整理を目指しましょう。

Lesson 1

チームのタスク進捗を管理する

プロジェクト管理のWebアプリ・Trelloでは、「ボード」と呼ばれる箱の中に登録した「カード」をひとつのタスクとして、カードを自由に移動させてタスクを管理します。このレッスンでは、シンプルにチームのタスクを管理する方法を紹介します。

Trelloにはいくつかのビュー(見せ方)がありますが、無料プランではボードビューのみ利用できます。

他のWebアプリと比べ、Trelloは有料プランで開放される機能が多いのは事実。しかし、機能が充実したアプリにすべて集約したとしても、チーム全員で使えなければ意味がありません。Trelloのようなシンプルで自由すぎないWebアプリにこそ、チーム全員で使うメリットがあります。

用途に応じてWebアプリを自在に使い分けられる人だけがマニアックに使い込むようでは、チームに浸透せず長続きしません。チームでのWebアプリ活用には、シンプルな使い勝手が強みを発揮します。

ひとつのWebアプリに集約するのか、いくつかのWebアプリを使い分けるのかは、仕事におけるチームごとの事情や、当人の管理のしやすさや好みといった判断基準があり、一概に「これがいい！」とは言えません。

メンバー全員が使いやすいWebアプリを考えるにあたり、Trelloを使って、チームにおけるタスク管理の手法を考えていきましょう。

新規ボードを作成する

Trelloを使い始めるには、タスクを入れる箱として「ボード」を作成します。ボードを作成する際の公開範囲は「非公開」を選ぶようにしましょう。「公開」を選ぶと、インターネットに接続しているすべての人が対象のボードを閲覧できる状態になり、情報漏洩のリスクがあるため注意してください。

ボードを新しく作成すると、次のような画面が表示されます。

ボードを作成
背景
ボードタイトル*
総務タスク管理
公開範囲
非公開
作成
テンプレートを使用する
Unsplashからの画像を使用することで、Unsplashのライセンスおよび利用規約に同意したものとみなされます。
①ボード名を入力
②ボードの公開範囲を設定（非公開を推奨）
③「作成」を押すと新規ボードが作られる

画像1 Trelloの新規ボードを作成する

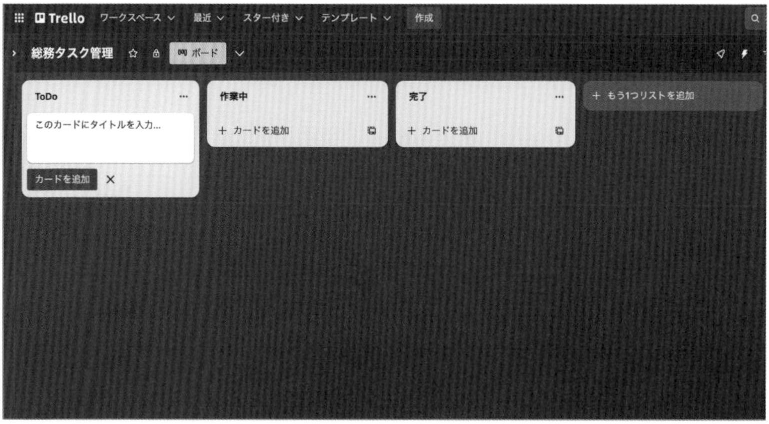

画像2 Trelloの新規ボードを作成した後のデフォルト画面

新しく作成したボードには、デフォルトのリストとして、「Todo」「作業中」「完了」の3つが登録されています。リストの名称は自由に変更できる他、4つ目以降のリストを追加して運用します。

また、新しいTrelloアカウントで新規ボードを作成すると、同時に自動でワークスペースが作られます。ワークスペース単位でのアクセス権設定や、後述のメンバー招待も可能です。

ボードにチームメンバーを招待する

招待したいボードの右上にある「共有」メニューから、Trelloのボードにチームメンバーを招待します。招待方法は2通りで、メールアドレスで招待するか、招待用リンクを発行します。招待用リンクは、使い終わったら無効化しておくのがおすすめです。

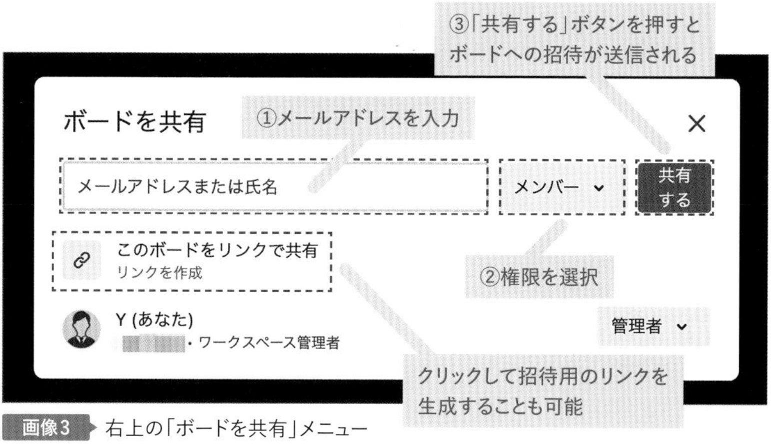

画像3 右上の「ボードを共有」メニュー

招待を受けた側は、TrelloにアクセスするためにAtrassianアカウントを作成してボードにアクセスします。ボードにアクセスする際の権限は「管理者」または「メンバー」で、無料プランでは閲覧のみの権限付与はできないためご注意ください。

カード作成と基本的な使い方

Trelloのボード内でタスクを整理するための分類は「リスト」と呼ばれます。**リストの利用には制限がなく、どんなリストを作成するかによってTrelloの活用方法が変わります**。今回はシンプルに、未着手・着手中・完了の3つのリストを使う想定です。

Trelloにおける作業単位は「カード」です。すべてのカードは、ボード内のいずれかのリストに必ず配置されます。メモ帳アプリ等から複数行をコピー&ペーストすると、複数のカードをまとめて作成できます。

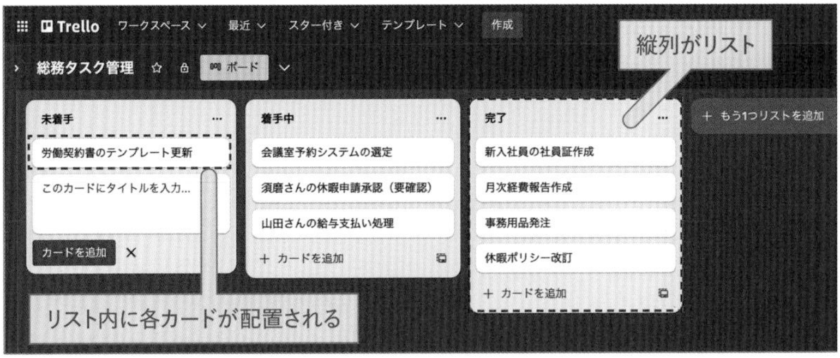

画像4 リストに新規カードを作成する

カードはドラッグ＆ドロップでリスト間を移動させ、不要になったカードは「アーカイブ」で非表示に変更します。アーカイブしたカードは検索対象に含まれるため、過去のカードを参照したいときにも安心です。内容が一切不要なときや、誤ってカードを作ったときだけカードを削除します。

表示中のカードが増えると、ボードの表示に時間がかかるようになります。対応が完了したカードは適宜アーカイブしましょう。

Trelloのカードでできること

Trelloの各カードには、以下の操作を加えることができます。

Trelloのカードに対してできる操作

- リストを動かす
- 説明を追加する
- 任意の参加者をカードのメンバーに追加する
- 添付ファイルを追加する（各種ファイル・他のTrelloカード）
- ラベルを追加する
- 日付を追加・更新する（期限）
- チェックリストを追加する
- コメントを追加する

添付ファイルはアップロード上限があり、無料プランは1ファイル10MBが上限です。また、説明欄は複数名での編集ができないため、うっかり同時に編集しないようご注意ください。

カードの担当者設定と絞り込み

各カードには「メンバー」と呼ばれるユーザー割り当て機能があり、各カードの担当者を設定する際に使うと有効です。カードの詳細画面で Space キーを押すと、自分自身をカードのメンバーとして設定できます。

カードには複数人のメンバーを設定できますが、複数人設定すると、誰が具体的にタスクを進めているか分かりづらくなるため注意してください。

また、カードにメンバー追加されると、自動的にカードをフォローしている状態となり、カードに変更が加えられた際に通知を受け取ります。

カードをフォローして受け取る通知

- 他のメンバーからのコメント
- 期限の追加・変更・期限が近づいた
- カードが移動された・アーカイブされた
- カードに添付ファイルが追加された

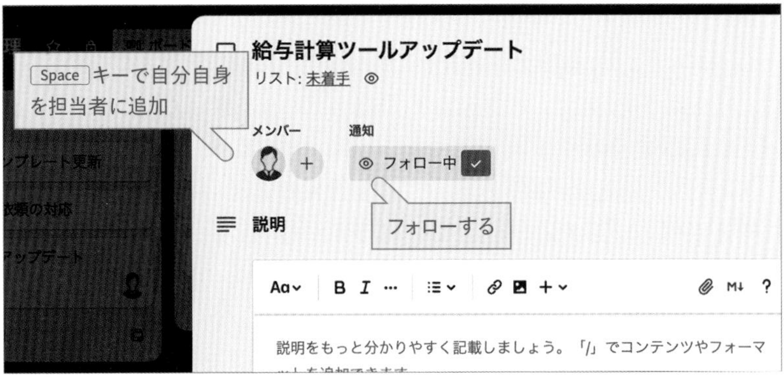

画像5 カード詳細画面で自分自身がメンバーに設定された状態

フォロー中のカードに変更が加えられると、Trello内で通知されます。内容は画面上の通知アイコンから参照する他、ボードメニュー内のアクティビティログからすべての変更履歴を参照できます。

ベルマークのアイコンをクリックして受け取った通知を表示

画像6 通知メニューの表示

画面右上のアイコンをクリックして「アクティビティログ」を確認

画像7 アクティビティログの表示

自由な分類としてラベルを活用する

Trelloのカードを管理する手法として「ラベル」機能があります。新しく作成した空のボードには、デフォルトで6色のラベルが登録されています。タイトルと配色を変更する他、新しいラベルを自由に追加します。

本レッスンのタスク管理では、タスクの分類をラベルに登録します。フィルターでの絞り込みや、ボード画面での判別に使用します。

タスク分類以外にも柔軟にラベルを設定して、ボードを使いやすいようデザインしましょう。

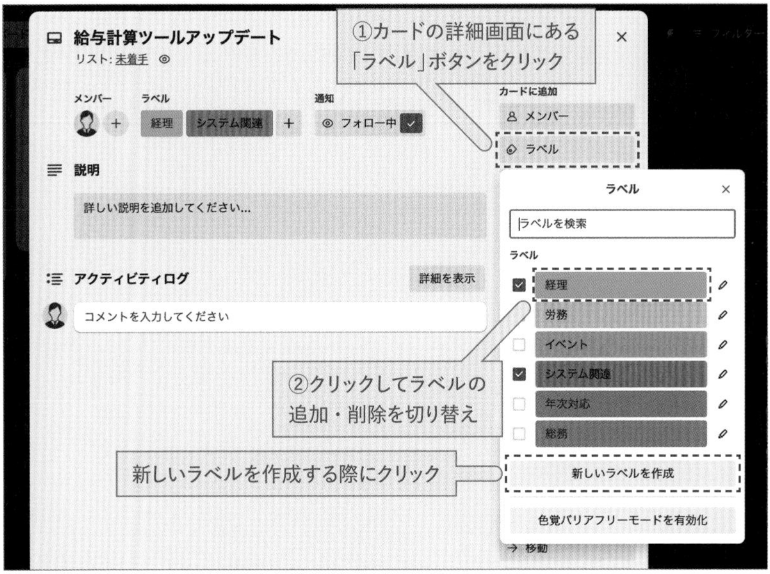

画像8 カードの詳細画面でラベルを選択する

COLUMN

2021年4月、Trelloを起点とした大規模な個人情報流出が話題になりました。住所や氏名などの個人情報や、企業の機密情報が記載されたボードの公開範囲が「公開」に設定されていて、インターネット検索でアクセスできる状態になっていたことが原因です。

採用希望者の住所や氏名、特定企業の顧客情報、個人のスケジュール表、銀行の暗証番号などが公開されていると指摘があり、内閣サイバーセキュリティセンター（NISC）が注意喚起を行いました。

Trelloに限らず、Webアプリに情報を保存する際は「公開範囲は最小限に」が基本です。「公開」に設定する際は、その情報がインターネットに公開されても問題ないか確認する癖をつけましょう。

Lesson 2

進捗管理以外でボードを活用する

Trelloのボードは「カンバン方式」とも呼ばれています。もともとはトヨタの自動車製造における生産管理で、プロジェクトのタスク管理に応用されて今の形となりました。タスク管理の手法を紹介する際によく取り上げられる方式です。

タスク管理におけるカンバン方式では、リストを進捗状況で区切り、タスクのカードを右から左に移動させます。Trelloの公式テンプレートや活用事例にも、タスクの状態や進捗状況をリストに置いたボードが多数紹介されています。

しかし、Trelloの活用方法は、進捗状況によるタスク管理だけではありません。

情報を入れる箱であるボード、縦列の区切りあるいはグループとなるリスト、項目の最小単位であるカード、それぞれに何を入れるかは自由です。チームで扱う単位となるボードを軸に、アイデアや考え方次第で、タスク管理の領域を超えてTrelloを活用できる可能性が広がります。

このレッスンでは、タスク管理だけではないTrelloの活用事例を紹介します。あなたのチームなりの活用方法も、ぜひ考えてみてください。

Trello活用におけるリストとカードの切り分け

Trelloの基本動作はとてもシンプルで、「カードを作る」「カードを動かす」のふたつがメインです。シンプルな仕組みであるが故に、何でもできるわけではありません。

カード同士の階層構造もなく、システム的にはカード同士やリスト間の優先度や優劣はありません。カードやリストの重み付けの設定は、Trelloを使う個人やチームで運用を決められます。

システム的に優先度をつける機能を持たないことはメリットでもあり、Trelloの活用のヒントにもつながります。

Trelloを実際に使う段階では、さまざまな用途でリストやカードを作成します。

Trello利用におけるリストの分け方

- メンバーごとのタスク割り当て数を常時可視化したい
  →タスク担当者ごとのリスト
- タスクのジャンルを分類したい→タスクのジャンルごとのリスト
- ざっくりとした期間だけ分けたい→四半期や年単位のリスト

例えば、社内イベントの記録を残したいのであれば、四半期や年単位のリストを作り、イベント単位でカードを作成する方法が考えられます。開催日は期限の項目に設定して、終わったイベントには完了済みのチェックをつけておくのもよいでしょう。

また、各リストに登録されているカードの量が視覚的に分かるのもTrelloの利点です。タスク管理では、誰が担当するか以外にも、誰からの依頼か・どの部署からの依頼かでリストを分けるのも面白いかもしれません。運用がうまくいけば、あの部署からの依頼だけが異様に多い……といった課題が可視化されるでしょう。

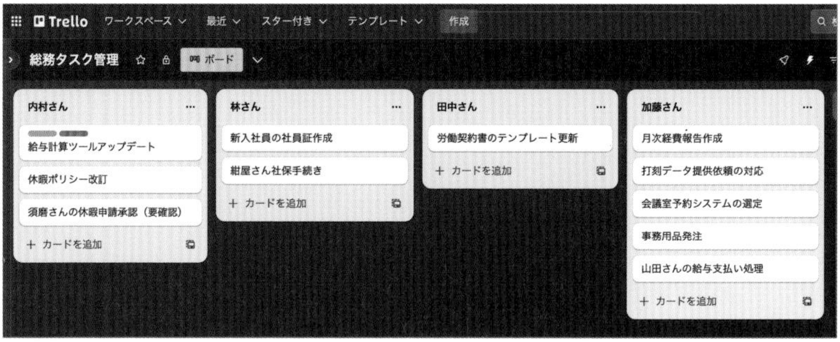

画像1 担当者ごとにリストを作成したボード

工程ごとのタスク管理を考える

単純な進捗状況によるタスク管理だけでなく、リスト間でカードを移動させられるTrelloの特長を活かして、より踏み込んだ工程管理も検討の余地があります。

前述の通り、Trelloにどんなリストを作るかはユーザーの自由です。チームや部署、プロジェクトなど、ボード単位で最適な形があるでしょう。

いくつかリストの例を挙げるので、参考にしてみてください。

表 Trelloのリスト利用例

利用シーン	利用するリスト
単発タスクの管理	未着手・着手中・完了
長期計画の対応	着手前・今日・今週・今月・今四半期・来期以降
プロダクト開発	要望・要件定義・実装中・テスト中・リリース済
顧客対応	案件発生・提案中・受注済・実施中・保留・納品済（＋失注）
書籍の発行	企画・設計・執筆・構成・販促

種類の違う情報をひとつのボードで管理する

また、ボード内におけるリストやカードの運用は、ルールをひとつに絞る必要もありません。ひとつのボードにはタスク管理だけ、記録だけ、計画だけ、といったルールもユーザーで決められます。

例えば、次のようなボードも実際に作れます。

画像2 種類の違う情報をTrelloのリスト・カードで管理する

このボードでは、ミーティング議事録・タスク・アイデアがすべてひとつのボードにまとまっています。リストが区切りの役割も持っているので、運用面での混乱もありません。

Trelloのボードの使い道は、タスクの進捗を管理するだけにとどまりません。シンプルな機能性だからこその使い道を、チームメンバーと模索していくのをおすすめします。

Lesson 3

人のプロフィールを集約する

Trelloの用途はタスク管理に限らず幅広く、タスク以外の内容もカードとして登録できます。Trelloのカードとリストの概念は思っている以上に汎用性が高く、アイデア次第で活用の幅はさまざまです。

例えば、どんな場所で誰と会ったかをまとめておく。名刺があるならカバー画像としてアップロードして画像表示してもいいですし、社内メンバーの情報を集約するなら、チャットツールのアイコンや顔写真をアップしておくのもありです。

登録したカードに関連するタスクが発生するなら、カード同士を結合しておけば相互に参照しやすくなります。

保管を目的としたストック情報のため、タスク管理のようにカードを頻繁に動かしたりはしませんが、これもTrelloのひとつの活用方法です。

ボード画面とカード詳細の使い分け

Trelloのボードに人のプロフィールを集約するなら、リストの分類は会った場所やコミュニティ、社内メンバーの一覧であれば部署やチームになるでしょう。

Trelloは仕様上、ボード画面とカード詳細を同時に参照できない設計です。ボードの画面では全体の俯瞰に専念し、カードの詳細では個々の情報を参照・整理します。一見不便に思えますが、この動作により、俯瞰と詳細が明確に分かれて、思考のモードも切り分けられます。

人のプロフィールも同様に俯瞰と詳細を行き来して、新しいアイデアやコミュニケーション施策を考える材料にしましょう。

画像1 実際の完成イメージ。人の情報が集約されている

カードのカバーに画像を追加する

Trelloの各カードには、必要に応じてカバー画像を追加します。カバー画像はボードの画面にも表示され、アイコンや顔写真を設定すれば、顔と名前が一致する状態になるでしょう。

ボードの一覧画面での表示サイズは、通常またはフルカバー表示の2種類から選択します。表示はカードごとに切り替えられます。

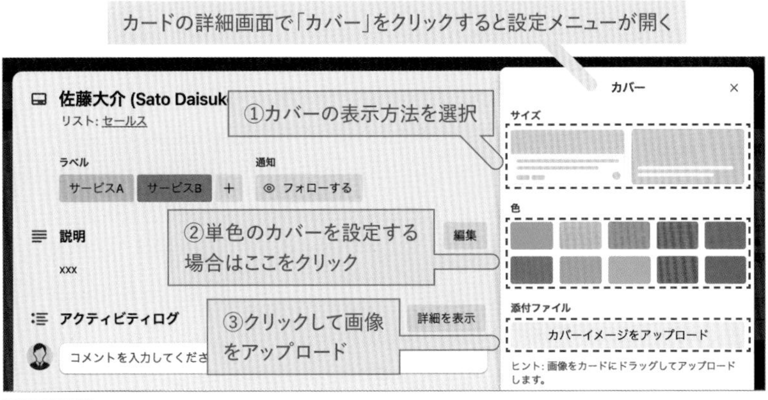

画像2 Trelloにカバー画像をアップロードする方法

画像3 アップロードした画像の表示（通常）

画像4 アップロードした画像の表示（フルカバー）

カードのテンプレートを作る

プロフィールカードを自分で書く、あるいは社内メンバー等に直接書いてもらう、どちらのパターンでも内容をテンプレートにしておくと運用が楽です。

画像5 テンプレートの作成方法

テンプレートは複数設定できるため、社内メンバーを職種で分ける運用も可能です。

また、テンプレートもひとつのカードとしてリストに表示されます。テンプレート用のリストを一番左端に置いておけば、どんな閲覧環境でも必ず目につきます。

画像6 複数作成したテンプレートを専用のリストにまとめた状態

Lesson 4

議事録でチームのコラボレーションを促進する

Trelloは機能性こそシンプルですが、だからこそ、複数メンバーでもストレスなくカードに変更を加えられます。その特性を活かして、チームでのタスク管理以外の運用も検討してみましょう。

Trelloの各カードには、説明欄やコメント欄があります。同じボードにアクセスできるメンバーなら、自由に追記や修正を加えられる機能です。この機能を応用すれば、Trelloのカード上でチームミーティングの議事録を記録して、他メンバーとのコミュニケーション、コラボレーションの促進も期待できます。

ミーティングや会議、あるいは議題ごとにカードを作成し、説明欄への追記によって議事録の内容が追記されていく。ミーティング後に書いてまとめる議事録ではなく、議題が上がるタイミングで作ったカードを全員で育てていくイメージです。

Trelloでミーティングの議事録を作ると、リストで全体を見るフェーズと、カードで個々の議題にフォーカスするフェーズが自然と切り分けられます。会議に参加するメンバーが見る画面を統一して、一体感のある場を作っていきましょう。

ミーティングの議事録としてカードやリストを使う

ミーティングの議事録を書く場所としてTrelloを使うときも、**「何をリストにするか」「何をカードにするか」**を考えるところから始めます。

例えば、以下の表のような分け方が考えられます。

表　Trelloで議事録を運用する際のカード・リスト・ボード

ミーティングの頻度など	ボード	リスト	カード
日次や週次	他のボードと併用（タスク管理など）	ミーティング用のリスト	ミーティング単位
月次・議題の多いもの	プロジェクトやミーティング単位の個別ボード	ミーティング	議題
四半期や年次	1ミーティングで1ボード	議題のカテゴリ	議題

頻度が高く、議題の数が比較的少ないミーティングでは、カード単位でミーティングの議事録を作るのがおすすめです。カードの中に議題を書いておき、ミーティング中に発生したタスクはコメントに追記するか、チェックリストを作成すると運用しやすいでしょう。

議題ごとにカードを作るメリットは、議題が多いときに一覧で参照しやすい、カードの機能で担当メンバーや期日管理ができる、議題に紐づいて発生したタスクをチェックリストにまとめやすい等が挙げられます。

議題をカード単位で作成する際は、カードをまとめるためのリストを作りましょう。

画像1 カードをミーティング1回の議事録とする例

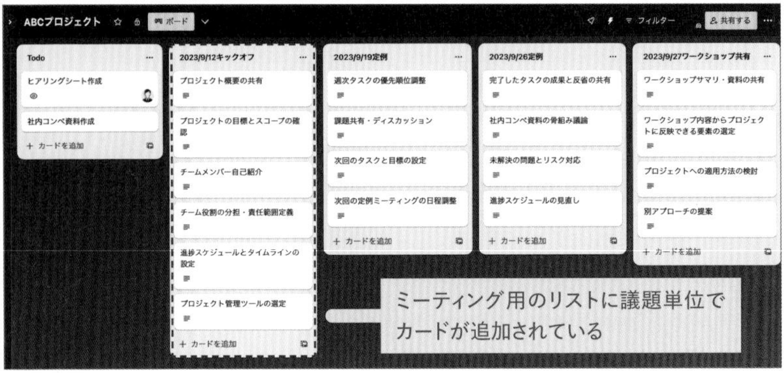

画像2 ミーティング単位でリストを作成する例

また、不要になったリストはリストごとアーカイブできる他、リスト内のカードをすべてアーカイブするメニューもあります。運用に応じて活用しましょう。

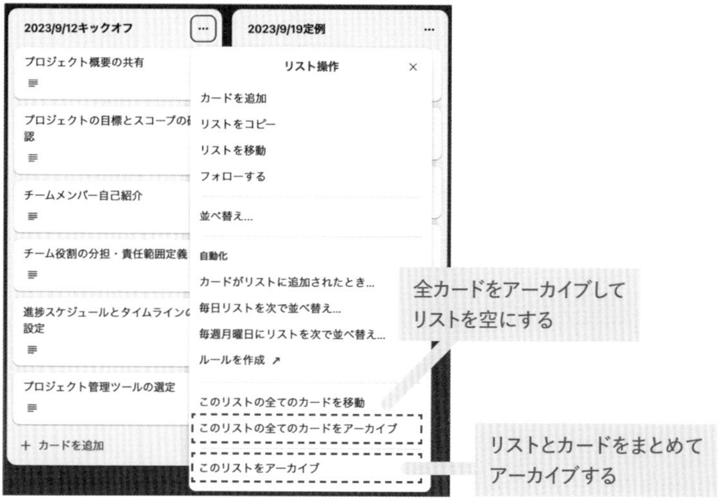

画像3 リストメニューを表示

コメントに絵文字リアクションを追加する

Trelloのカードに追加されたコメントには、絵文字でリアクションを送信できます。ちょっとした反応を送りたいときに活用します。

コメントへの絵文字リアクションは通知の対象外ですが、反応があると見てもらえている実感がわくものです。絵文字リアクションは自分から積極的に使っていきましょう。

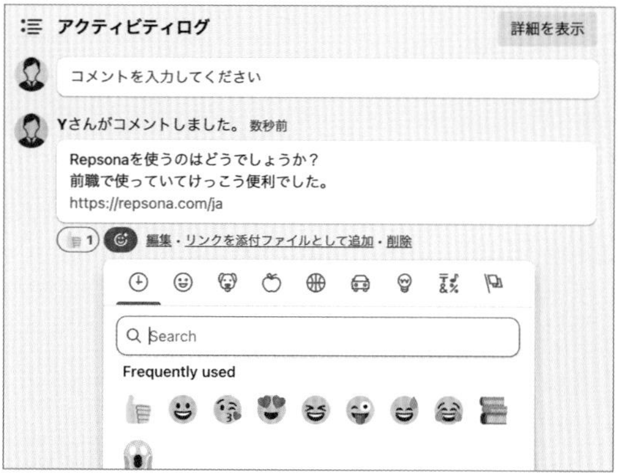

画像4 Trelloのコメントに絵文字リアクションを追加する

Lesson 5

チーム内の課題・アイデア・やりたいことリストを作る

ここまでのレッスンでは、Trelloを使ったタスク・Todo管理を紹介してきました。

しかし、Trelloにどんなカードを作成するかはユーザーとチームの自由です。チームやプロジェクト内での課題、やりたいこと、改善のアイデアなどの粒度が大きい内容も、カードとして同列に登録できます。Webアプリはあくまで道具であり、どう活用するかは使う人次第です。

また、Trelloは比較的シンプルな構造のため、少ない独自ルールで使い込めるのも魅力のひとつ。複数人のチームで使う際にも、画面を見てすぐに使い方を把握できるでしょう。

ひとりではなくチームでアイデアを書き出し、視覚的に並べ替え、スムーズにタスクとして具体化させていく。そんな取り組みができるチームは、きっと強いチームになるはずです。

目の前の仕事をこなすだけにとどまらない、未来を見据えたTrelloの使い方を見ていきましょう。

リストを「課題ジャンル」や「いつ頃やりたいか」で設定する

タスクほどの細かい粒度ではない課題やアイデア、やりたいこと等をTrelloに登録する際も、どんなリストを作るかが肝心です。

- 課題のジャンルで分ける
- 時期で分ける（今四半期・今期・来期以降）
- インボックスを作って後から分類する
- 他のTrelloボードの中に「やりたいことリスト」のリストを作る

インボックスを作って後から分類する、あるいは最初から分類してカードを作る、どちらを選ぶかはチームの運用ルールによるでしょう。

やりたいこと／やっている／やった／保留中（やりかけ）といったシンプルな分類もあります。やりかけ・着手中のカードも、時間の経過によって状況が変わったり、行き詰まりの解消によって進められるようになる可能性があるため、課題やアイデアボードには、着手中や保留、やりかけのリストを設置して定期的にチェックしなおすのがおすすめです。

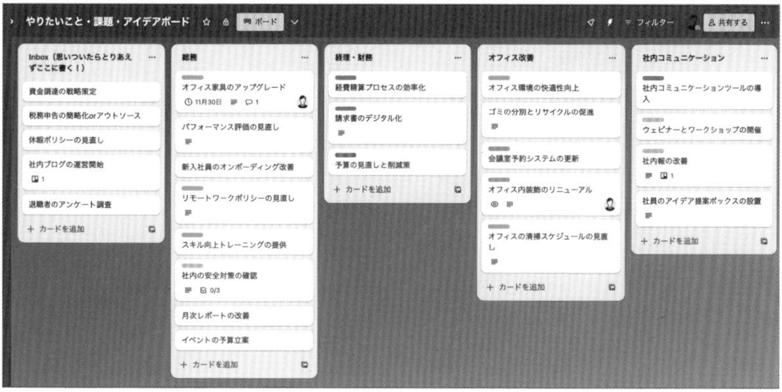

画像1 やりたいことリストのボード

ふせんに書き出すようにカードを追加して運用する

他のTrelloレッスンでは、各カードをひとつのタスクやひとつの議題として管理していました。ですが、このレッスンで紹介している粒度の大きなタスクは、ふせんで書き出すようなイメージでカードを使います。

アイデアや課題をひととおり出し尽くしたら、誰かひとりの画面を見ながら、チームでああでもない、こうでもない……と議論しつつ動かすとよいでしょう。リスト内で優先度をつけたいなら、リスト内の並び順を着手優先度とするか、カードに日付（期日）をつけて並べ替えもできます。

また､運用を進めていると､状況が変わって対応する必要のなくなったカードも出てきます。対応が不要になったカードは適宜アーカイブします。見える形で残しておきたいのであれば｢対応しない｣や｢対応不要｣のリストを作って移動させます。

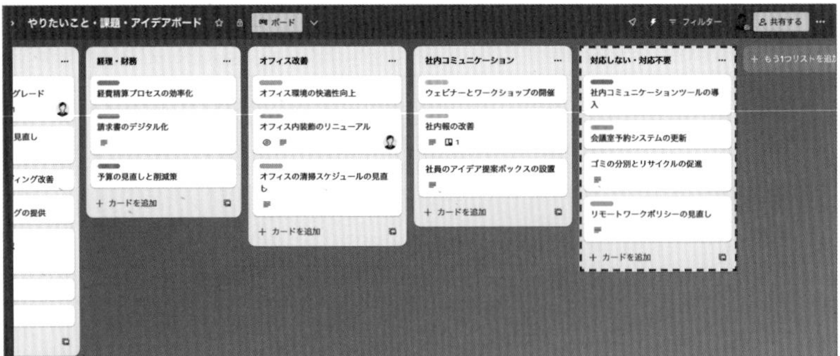

画像2 対応しない・対応不要のリストを作ったボード

実際にタスクとして取り組む際の流れ

Trelloに書き出した課題やアイデアを実際にタスクとして取り組んでいく際には、いくつか方法があります。なお、無料プランでは10枚までボードを作成できます。

- 別のボードを作ってタスク管理用のカードを作る
- 課題のカード内にチェックボックスを作ってタスクを管理する
- 同じボード内にタスク対応用のリストを作ってカードを作る

Trelloの添付ファイル機能では、画像やPDFファイル以外に、他のTrelloカードも添付できます。具体的なタスクとして別のカードを作成する場合は、そのカードを元の課題カードに添付すると関係性が明瞭です。片方のリンクを貼るだけでなく、相互に添付しあう「カードを結合」のメニューも使えます。

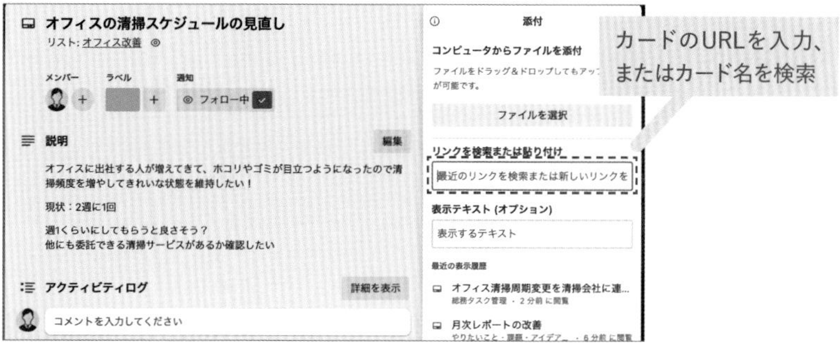

画像3 Trelloのカードに他のカードを添付する

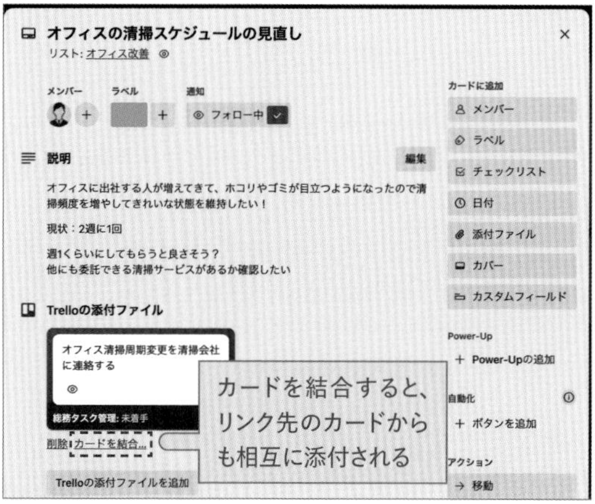

画像4 Trelloのボードにカードを添付した際の表示

第5章まとめ

- タスクなどの項目を入れる箱は「ボード」
- ボード内で項目を整理する分類が「リスト」
- 作業単位の「カード」は、いずれかのリストに必ず配置される
- ボード・リスト・カードをどう設定するかは運用次第で自由
- 何をカードにするか、何をリストにするかを最初に考えるのがポイント

- 任意の「ラベル」を設定することで、各カードを自由に分類できる
- カードのテンプレートを作って一定の記入様式で運用できる
- 全体を俯瞰するボードの画面と、各カードの詳細画面を同時に参照することはできない
- カードにカバー画像を追加すると一覧画面でも視覚的に分かりやすい

- Trelloはシンプルで自由すぎない機能性で、複数メンバーでも活用しやすい
- 種類の違う情報をひとつのボードで管理することも可能
- 各リストに登録されているカードの量が視覚的に分かるのもメリット
- チームでのWebアプリ活用は、一部の人に偏らず全員が使える状態を維持するのが重要

第6章

コミュニケーションとタスク管理を円滑化したいなら「Slack」

コミュニケーションアプリとして知られるSlackですが、その用途は単なる連絡手段に留まりません。便利な機能で日々の仕事を補助しつつ、文章以外のコミュニケーションも取り入れてスムーズに業務を進めましょう。

Lesson 1

自分宛にリマインダーを送る

「13時に○○さんに連絡する」「明日の退勤前に××さんに書類を渡す」といった、今すぐ対応する必要はないけれど、覚えておかなければならない仕事。業務中は比較的よくあるタスクです。

タスクを忘れないために、ふせんに書いてデスクに貼っておくものの、数日経てば風景と化してしまい、当日に忘れてしまう……よくあるパターンです。確かにふせんは便利ですが、何日も同じ場所にあると、脳は「この情報には変更がない」と認識しスルーしてしまうようですね。

今すぐ対応する必要はないけれど、期日は決まっていて、対応タイミングでは確実に実行したい。そんなときは、Slackで自分宛にリマインダーを設定しておけば、ふせんのように忘れ去って悲しい思いもしません。指定の日時に通知するリマインダーは、他人に送るのと同様に、未来の自分に向けても活用できます。

Slackを見る頻度が高ければ高い人ほど、リマインダーの活用は威力を発揮します。定期的に対応する必要が発生する経費精算や勤怠の取りまとめといったちょっとしたタスクも、自分宛にリマインドして、催促される前に漏れなく実行しましょう。

単発のリマインダーを設定する

Slackのリマインダーは、メッセージ欄に「/remind」と入力して設定します。設定完了した単発のリマインダーは「後で」画面に表示されます。

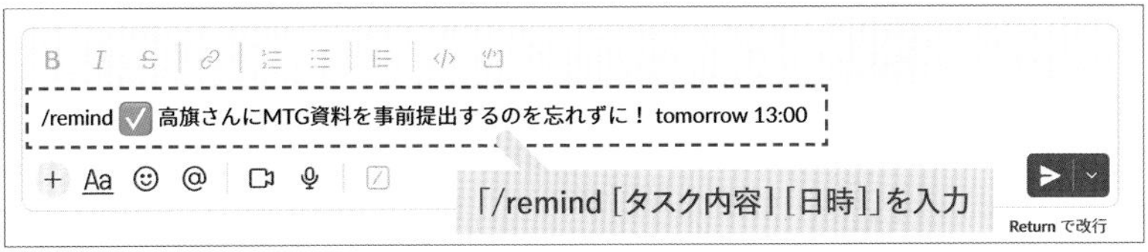

画像1 Slackのメッセージ欄にリマインドを入力する

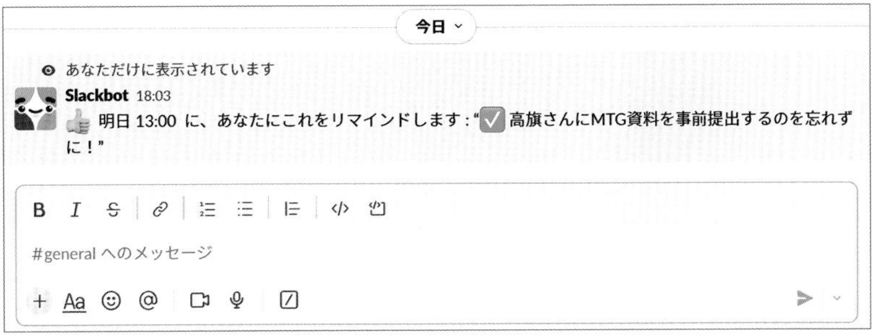

画像2 リマインドを送信するとSlackbotの返信が表示される

表 Slackリマインダー設定時の日時指定方法

いつ	記載方法
明日の18:00	tomorrow 18:00
来週火曜日の9:00	tuesday 9:00
2024/1/30の午後1時	2024/1/30 1:00pm
15分後	in 15 minutes

日時を入れない場合は「いつにしますか？」とSlackbotのメッセージが表示されます。ここから選択も可能です。

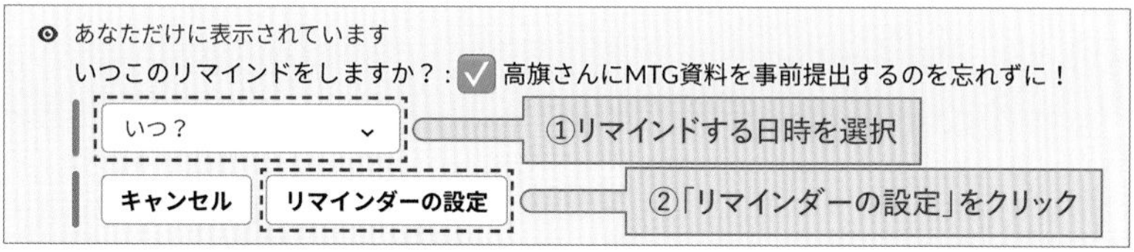

画像3 日時指定なしで「/remind」を送信すると日付の選択メニューが表示される

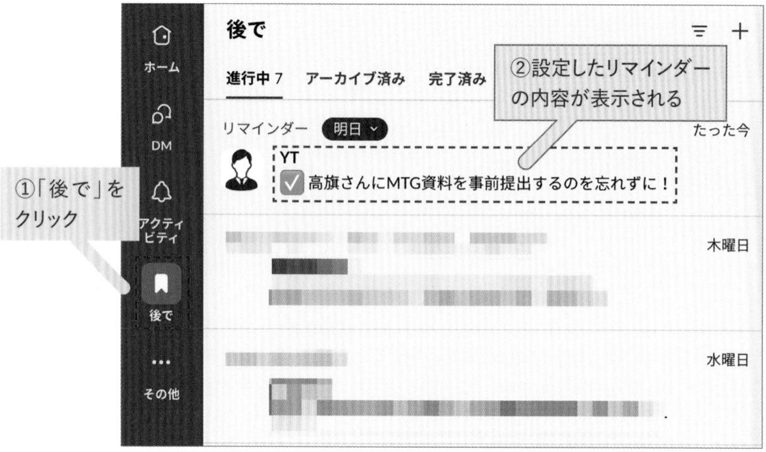

画像4 リマインダーの内容を「後で」から確認する

COLUMN

キーボードショートカットを活用すると、PCで作業する際のマウス操作を簡略化できます。コピー&ペースト等はもちろん、各アプリにも固有のショートカットが多数設定されています。アプリの環境設定は、ほぼ共通して［Ctrl］キー＋［,］（Macの場合は［⌘］キー＋［,］）が割り当てられています。

「いつもやっているマウス操作を簡略化できないかな？」と思ったら、ヘルプページ等でキーボードショートカットを探してみてください。

Slackの「後で」メニューのショートカットは、［Ctrl］キー＋［Shift］キー＋［4］（Macの場合は［Ctrl］キー＋［4］）です。

繰り返しのリマインダーを設定する

Slackのリマインダーは、繰り返しで通知するよう設定できます。

頭だけで覚え続けておくのが難しい頻度の定期タスクや、他のメンバーから催促される前にやってしまいたい定期タスクは、**自分宛に繰り返しリマインドされるよう設定しておくと対応漏れがありません**。

月に一度の経費精算申請や隔週のミーティングの準備など、定期的に発生する忘れやすいタスクも自分宛に通知しましょう。

基本は単発のリマインダーと同様に「/remind」と入力して設定しますが、日時指定方法が異なります。

表2　Slackリマインダーの繰り返し日時指定

いつ	記載方法
毎週火曜日の10:00	every tuesday 10:00
毎月1日の9:30	every 1th 9:30
毎月18日の18:00	every 18th 18:00
毎年 11月30日	every 11/30

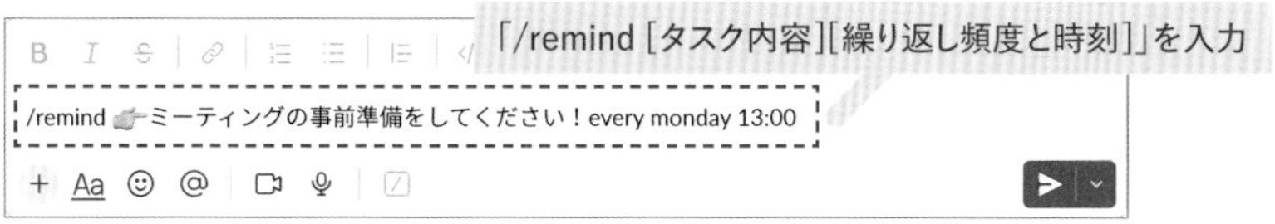

画像5　Slackに繰り返しのリマインダーを送信する

定期リマインダーは「後で」画面に表示されませんが、Slackに「/remind list」と送信すると設定状況を確認できます。

画像6 「/remind list」を送信して設定したリマインダーを確認する

デフォルトのリマインド時間を設定する

通知設定に慣れてくると、時間の指定が面倒になり、だいたい始業時間に通知してほしいといった欲も出てきます。

Slackではデフォルトのリマインド時間を設定できるので、これをあらかじめ設定した上でリマインダーに日付のみ設定すれば、自分の都合のよい時間をデフォルトにしたリマインダー設定が可能です。

Slackの「環境設定」から、デフォルトのリマインド時間を設定します。

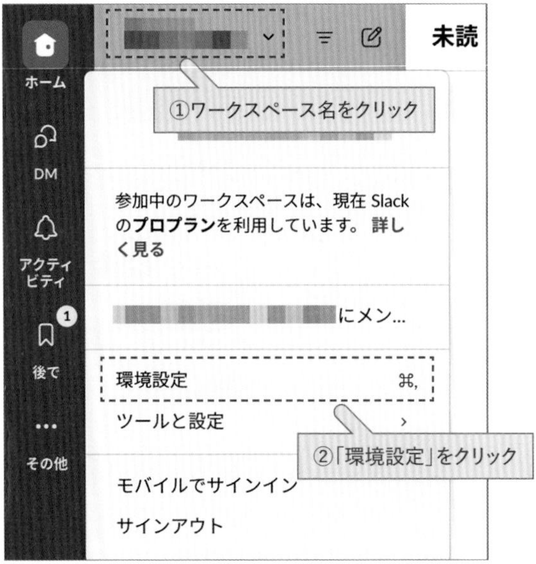

画像7 Slackの「環境設定」を開く

画像8 「環境設定」でリマインダー通知時間のデフォルト設定を変更する

COLUMN

　オンラインでのコミュニケーションだと仕事がうまく進められないので、完全オフィス出社に戻す。最近はそんな話も小耳に挟みます。しかしそれらは、オンライン化・デジタル化により「もともと組織やチームが抱える課題が露呈しただけ」とも考えられないでしょうか。

　リモートワークだから、対面ではないから……が理由ではない以上、オフィス出社に戻したからといって根本解決にはなりません。オンライン対オフライン、あるいはデジタル対アナログの対立構造が取り上げられがちですが、どちらも手段や方法のひとつです。

　組織やチームの隠れた課題に向き合う機会だと考えて、円滑に仕事を進められない理由と向き合っていきましょう。

Lesson 2

送信予約を活用して心理的負担を下げる

チャットアプリやメールアプリといったメッセージ送信の機能を持つWebアプリには、送信予約の機能が実装されているものがあります。Slackにも指定日時にメッセージを送信予約する機能が実装されています。

「チャットツールなんだし、送信予約なんて特に使い道はないのでは？ すぐ送ればいいんじゃないの？」と疑問を覚えるかもしれませんが、実はさまざまな使い道があります。

業務時間や時差への考慮、急ぎではない周知事項、送信するのに腰が重いメッセージなど、受信者である相手・送信者である自分の双方が気持ちよくコミュニケーションするために、Slackに実装されている送信予約の機能を積極的に使っていきましょう。

送信予約の活用例

送信予約は、例えば次のような場面で活用します。

● 業務時間や時差への考慮

海外メンバーにメッセージを送りたいが、相手はちょうど終業する時間帯かもしれない。あるいは深夜かもしれない。翌朝相手が始業した際に読んでほしい。

通知は受け取る当人がある程度コントロールする必要があるとは思いつつ

も「通知を飛ばしてしまってすみません……」と恐縮しながらメンションする必要はありません。

●急ぎではないタイミングや定時タイミングでの周知

必ずしも今送信する必要のない周知事項やお知らせは、Slackを見ている人が多いタイミングで送りたい。定例ミーティングのアジェンダを事前に共有して、参加メンバーに確実に見てもらいたい。

でも、業務時間中は、指定時間に送信者である自分の予定を空けられるとも限りません。手の空いている時間にあらかじめ送信予約を仕込んでおいて、確実に送信されるよう手配できます。

●気持ち的に送りづらい内容を送るとき

送信ボタンを押すのをためらう報告や、ちょっと気まずい依頼事項もあります。悪い報告であればすぐ共有したほうがいいとしても、そうではないメッセージなら、自分の手で送信ボタンを押すよりも「気づいたら勝手に送られていた」くらいがちょうどいいのは確かです。

送信する内容の推敲が終わったら、5分後に送信されるよう設定して、他のタスクに着手してしまいましょう。気づいた頃には送信済みです。

送信予約のメッセージを作成する

日時を指定して送信したいメッセージは、通常のメッセージを送るのと同様に、Slackのメッセージエリアに入力します。

うっかり予約を忘れて即時送信してしまうのでは……と不安なら、自分宛のDM（ダイレクトメッセージ）で下書きしたのち、送信したいチャンネルにコピー＆ペーストするのがおすすめです。

送信したいチャンネルでメッセージの内容を入力したら、送信ボタンの右側にある下矢印マークを選択して、送信日時を設定します。なお、スレッドへの返信は送信予約を設定できないためご注意ください。

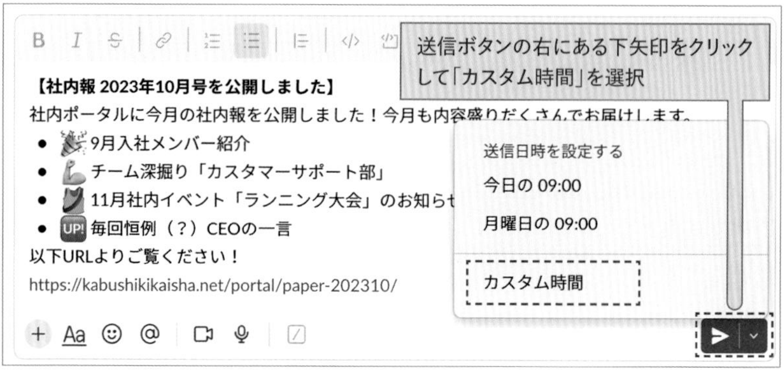

画像1 Slackでメッセージを送信予約する

画像2 「カスタム時間」を選択して送信日時を指定する

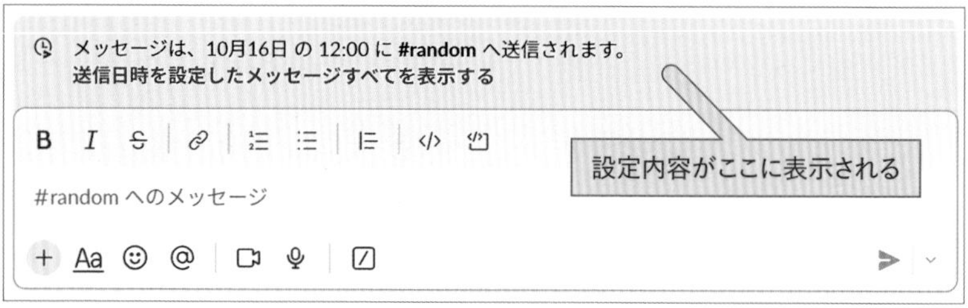

画像3 送信予約が完了するとSlackに表示されるメッセージ

送信予約済みのメッセージを確認する

送信予約済みのメッセージは、Slackのサイドバーメニューの「下書き＆送信済み」から確認します。サイドバーの「その他」メニューに配置されています。

「下書き＆送信済み」の名前の通り、送信予約したメッセージだけでなく、下書きや送信したメッセージを参照するメニューです。

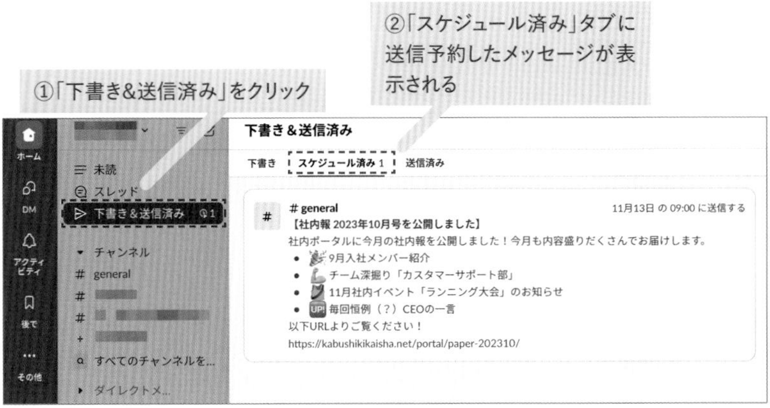

画像4 下書き&送信済みメッセージを確認する

送信予約を修正する・取り消す

「下書き＆送信済み」のメニューからは、送信予約を設定したメッセージに対して、次のようなアクションを実行できます。

- 送信予約したメッセージを編集する
- メッセージの送信時間を再設定する
- 今すぐ送信する
- スケジュールを削除して下書きに戻す
- メッセージを削除する

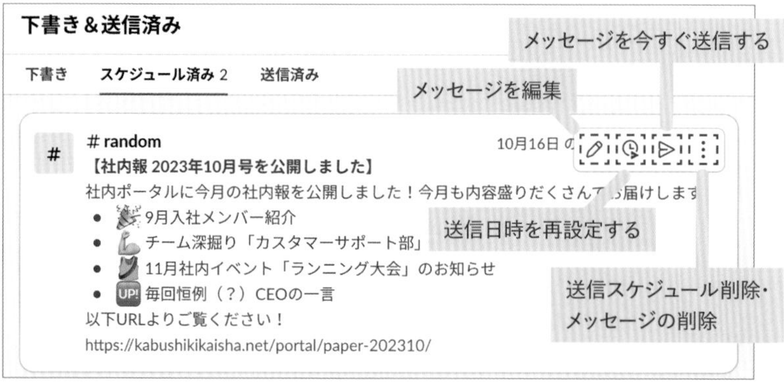

画像5 スケジュール済のメッセージにマウスオーバーすると、右上に各種アイコンが表示される

海外メンバーの時差を確認する方法

日本以外の場所で働く相手が同じワークスペースにいる場合、Slackのプロフィール画面から相手の現地時間を参照できます。時差までは分かりませんが、今送っても大丈夫かな？と気になったときは、送信相手の現地時刻をチェックしましょう。

相手の時差を考慮してメッセージを送ると、反応してもらいやすくなる効果もあるかもしれません。

画像6 プロフィール画面からメンバーの現地時間を確認できる

Slackの環境設定にはタイムゾーンの設定があり、この欄が仕事相手にも見えるようになっています。基本的に自動設定されてはいますが、自分のタイムゾーンが正しく設定されているかを確認しておきましょう。

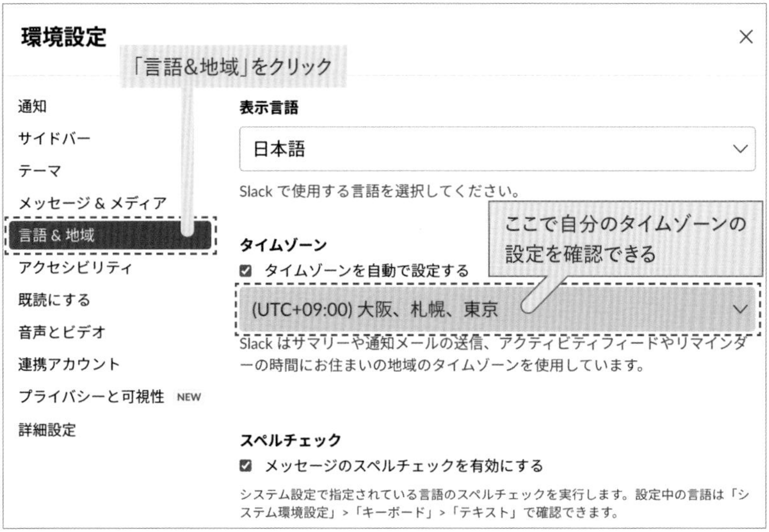

画像7 Slack環境設定のタイムゾーン設定

COLUMN

Slackのメンションは、基本的に即時通知です。個人宛はもちろん、@hereや@channelといったチャンネル全体へのメンションは、場合によっては数十人以上に即時で通知されます。

メンションの運用は会社によって方針が異なります。狼少年になってしまうためむやみに@channelを使わない、業務時間外はメンションをつけない、通知は受け取る側がコントロールする、あるいは明確な決まりはない……等さまざまです。事前に定められた運用ルールの有無は確認しておきましょう。

また、メッセージを投稿した後に編集して@channelを追加すると、プッシュ通知は行われず、Slack内の未読バッジだけが表示されます。そっと通知したいときに便利な機能です。

Lesson 3

「後で」を使ったタスク管理

Slackを使っているチームなら、Slackのメッセージでメンバーからの依頼を受ける場面は多々あるでしょう。逆に、自分が依頼した内容を相手が忘れていないかリマインドしたいときもあるはずです。

覚えておきたいTips、後で状況を確認したい指示、人から依頼されたタスクなど、さまざまな情報が混在します。

Slackには、任意のメッセージを一時保存する「後で」機能があります。多くのメッセージが流れていくSlackで、自分に関係あるメッセージを手元に残しておきたいときは、Slackに標準搭載されている「後で」機能を使いましょう。メッセージにカーソルを合わせるとブックマークのアイコンが表示されるため、比較的よく知られている機能です。

しかし、この「後で」機能をただの保存機能として使うのはもったいない。タスク管理やナレッジの保管庫としても使える便利な機能です。「後で」への追加は他人に通知されないため、あくまでパーソナルな保存機能として使えます。

自分の記憶力を信用せず、Webアプリを脳の延長線上のように活用する。機能を活用しながら、限りあるリソースを必要なところに使うのがWebアプリ活用のポイントです。

「後で」に追加・確認する

Slackの各メッセージについているブックマークアイコンをクリックすると、対象のメッセージが「後で」に保存されます。

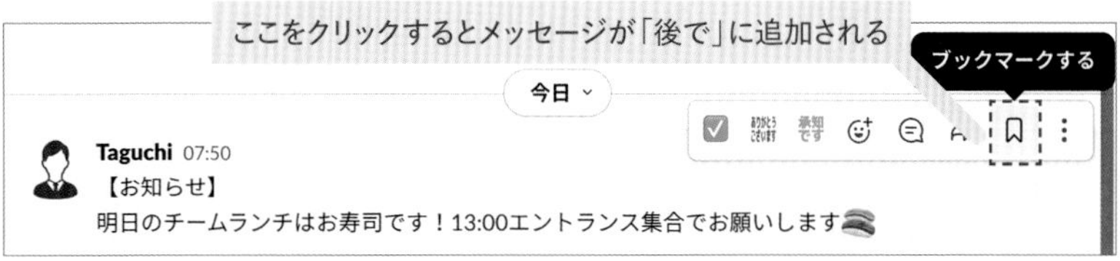

画像1 メッセージをブックマークして「後で」に追加する

「後で」に追加したメッセージは、Slackの「後で」メニューで参照します。メッセージ一覧が表示され、選択すると右側にメッセージの内容が表示されます。

画像2 「後で」に追加されたメッセージを参照する

指定日時に通知されるよう設定する

Slackのチャンネルにメッセージがどんどん流れていく中、「後で」に保存する機能はとても便利です。しかし、保存した数が増えてくると、どの項目を優先して対応すればいいのか分からなくなるのが難点。

必須で対応が必要なタスクや後日改めてチェックしたい内容であれば、指定日時に通知されるようリマインダーを設定しましょう。

リマインダーを設定したメッセージは、「後で」内の一番上に表示され、指定日時にSlackから通知が届きます。通知されたタイミングでの対応が難しければ、リマインダーの再設定も可能です。

画像3 「後で」メッセージのリマインダー設定方法

進行中・アーカイブ・完了済みの使い分け

対応完了したり保存が不要になったメッセージは、チェックアイコンを押すと「完了済み」タブに移動します。また「アーカイブ済み」タブもあり、必要に応じて自由に使えます。

「アーカイブ済み」タブは、定期的に参照するアイテムや、後で必要になる可能性があるアイテムを保存するのに適した場所です。また、「完了済み」タブにあるメッセージは再度「進行中」に戻すことも可能です。

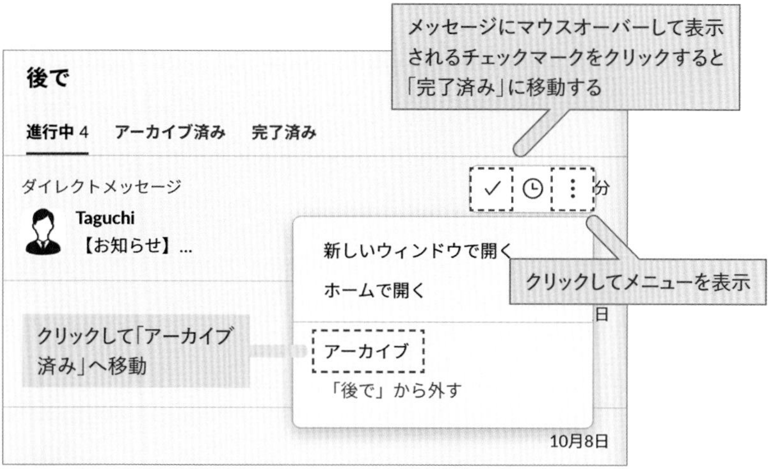

画像4 「後で」に保存したメッセージを完了・アーカイブする

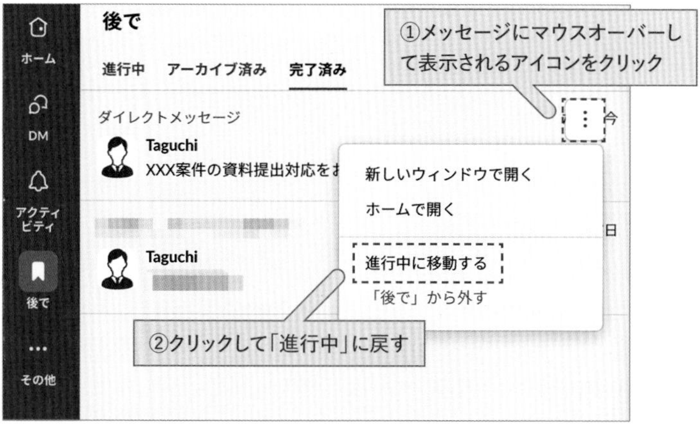

画像5 「完了済み」のメッセージを「進行中」に戻す

Lesson 4

PCの画面や音声をSlack上で録画して相手に伝える

リモートワークの普及により、オンラインでのテキストコミュニケーションが主流になりました。しかし、チャットなどの文章ではニュアンスが伝わりづらく、説明に長文を要する場合があるのも事実です。誤解なく伝えるために苦心して推敲した長文テキストをいきなり送信するのは、まとめる自分にとっても、読み込む相手にとっても気が重いタスクとなるでしょう。

ですが、そもそも誰が「オンラインの非同期コミュニケーションはテキストで」と決めたのでしょうか？ 音声を録音してメッセージを伝える、PCの画面を録画して操作を説明する、そんなやり方も選んでいいはずです。何が何でもテキストで伝える固定観念は捨てましょう。仕事においては、情報が正しく伝わるほうが大切です。

Slackのメッセージ送信は、音声録音・画面録画の機能が備わっています。文章以外にも、留守番電話のように音声を録音したり、PCの画面を録画して操作方法を説明した内容をそのまま送信できます。

こんなときに使える

- 複雑な説明をテキストに起こすのが面倒なとき
- ソフトウェアなどの画面を見せながら説明をしたいとき
- 資料上の数字をマウスカーソルで指して解説したいとき
- ビジョンや目標など、情感をもって未来に向けたメッセージを伝えたいとき

音声メッセージをSlackに送信する

音声を録音してSlackに送信するには、「オーディオクリップ」の機能を使います。Slackメッセージ欄のマイクアイコンをクリックすると、すぐに録音が始まります。

オーディオクリップを収録し終えると、Slackのメッセージ送信画面に音声ファイルがアップロードされます。メンションや必要なテキストを追加して投稿しましょう。

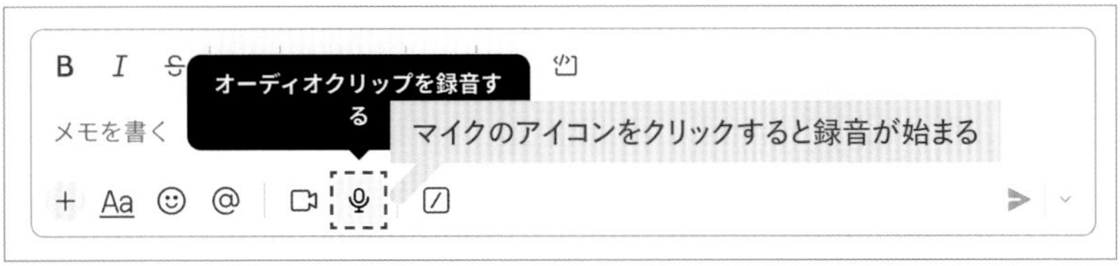

画像1 Slackのメッセージ欄にあるマイクアイコンをクリックするとすぐに録音が始まる

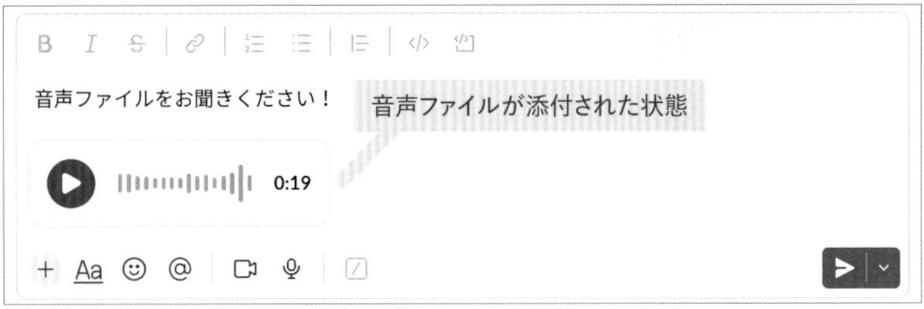

画像2 音声ファイルがメッセージに添付された状態

PCの画面を録画してSlackに送信する

PCの画面録画は、Slackの「ビデオクリップ」機能で行います。Slackのメッセージ欄にあるビデオアイコンは、カメラで自分自身を録画するだけでなく、画面収録も使える機能です。

ビデオアイコンをクリックすると「ビデオクリップを録画する」ウインドウ

が起動してWebカメラを使う画面が表示されますが、必要に応じてカメラとマイクをオフに設定すれば、PCの画面のみを収録できます。画面を見せて音声で説明したいときはマイクのみオンにして収録しましょう。

ビデオクリップを収録し終えると、Slackのメッセージ入力画面にビデオがアップロードされます。メンションや必要なテキストを追加して送信しましょう。

画像3 Slackのメッセージ欄にあるビデオカメラアイコンをクリックする

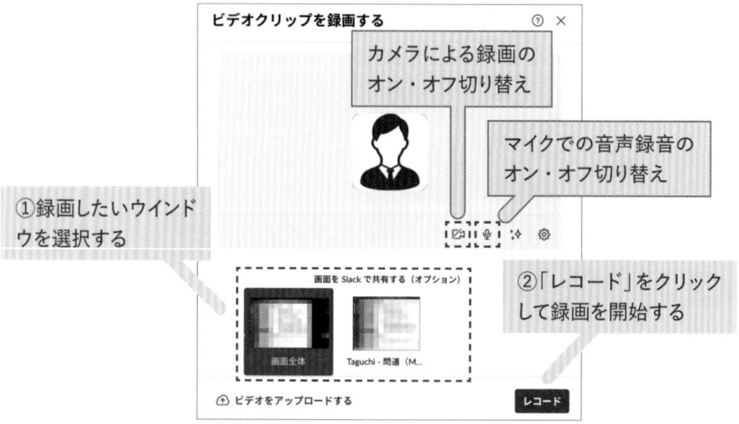

画像4 ビデオクリップ録画の設定画面

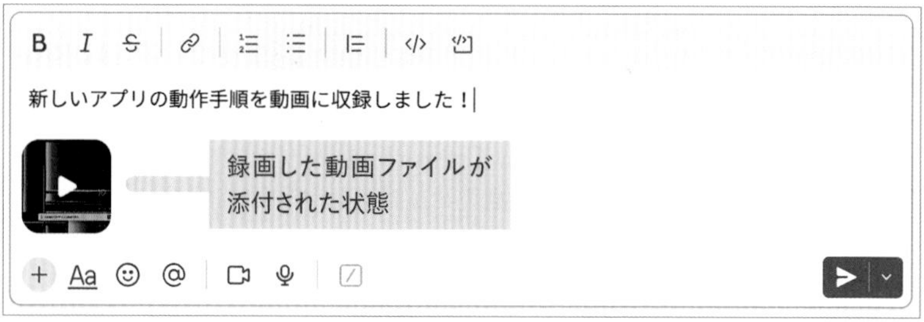

画像5 動画ファイルがメッセージに添付される

Slackのトランスクリプト

音声収録や画面収録で音声ファイルを送信する、あるいは動画ファイルをアップロードすると、Slackの「トランスクリプト」の機能が適用されます。

トランスクリプトはいわゆる書き起こしで、動画や音声ファイル内で話す内容が自動的にテキスト形式に変換され、動画や音声ファイルを含む元のメッセージに添付されます。このテキストはSlack内の検索対象に含まれるため、後から探す際にも便利です。

ただ、トランスクリプトはまだまだ発展途上です。あくまで補助的な機能として認識することをおすすめします。

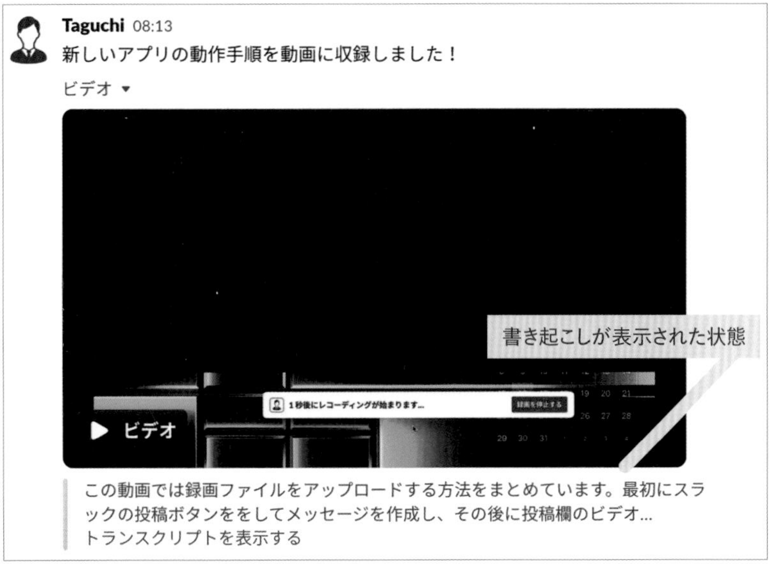
Taguchi 08:13
新しいアプリの動作手順を動画に収録しました！
ビデオ ▾
書き起こしが表示された状態
1秒後にレコーディングが始まります...
ビデオ
この動画では録画ファイルをアップロードする方法をまとめています。最初にスラックの投稿ボタンををしてメッセージを作成し、その後に投稿欄のビデオ...
トランスクリプトを表示する

画像6 トランスクリプトにより動画の内容がテキストで添付されている

Lesson 5

情報を取り逃さない&すべてを見ないための通知設定

参加したチャンネルが増えてきたり、自分宛のリマインダーなどを設定すると、どうしてもSlackの通知の数は増加します。通知の量をコントロールできればいいのですが、チームで仕事を進める以上はなかなか難しい話です。

ただ、すべての通知をオンに設定していると、本当に重要な通知を見逃してしまうかもしれません。自分に関係ないメッセージにまで通知設定を入れていたり、参加人数が多いチャンネルでむやみに@channel や @here が使われると、拾うべき通知にも気づけなくなります。

無駄な通知を受け取らないため、また必要な通知をスルーしないためにも、Slackのチャンネルに対するミュート設定と、マイキーワード設定を活用しましょう。

会社やチームでの仕事において、あらゆる情報をキャッチしておくのは、確かに大切かもしれません。ただ、オフィスで周囲から漏れ聞こえてくる会話と、自分の業務に直接かかわらない話題にSlackで触れ続けるのは、似ているようで全く異なります。Slackでのインプットは、想像以上に自分を削って消耗させているかも……? と意識してみましょう。

「必要なら直接メンションしてほしい」と割り切るのも、円滑に仕事を進めるためのひとつの手段です。

Slackチャンネルの通知種別

Slackの各チャンネルは、パブリックチャンネル・プライベートチャンネルを問わず、通知を受け取る条件を設定できます。設定を変更したいチャンネル名を右クリックして、通知設定を開きます。

Slackチャンネルの通知設定

- すべての新規メッセージを通知する
- 自分へのメンションのみ通知する
  （全体への @here・@channel を通知するかは別に選択できる）
- なし（通知オフ）

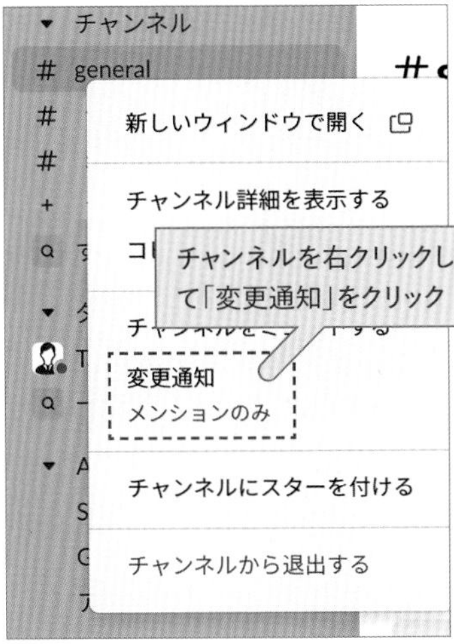

画像1 チャンネルの通知設定を開く

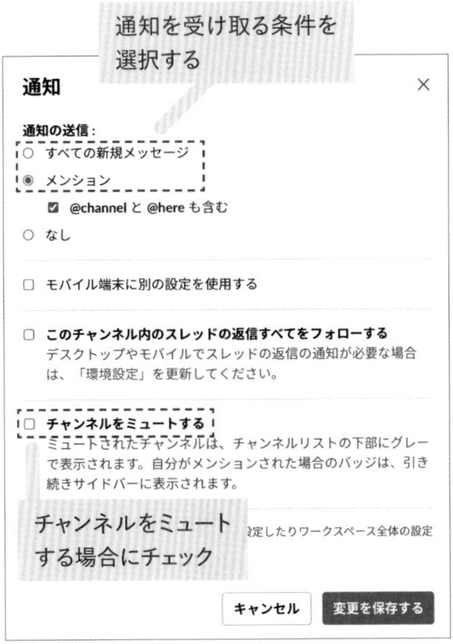

画像2 通知設定のウインドウ

Slackチャンネルのミュート設定

各チャンネルは、通知設定を一切適用しない「ミュート」に設定できます。ミュートしたチャンネルはチャンネル一覧でグレー表示になり、メンションが通知されないだけでなく、新しいメッセージを受信してもチャンネル名が太字に変わりません。

チャンネルをミュートにするには、通知設定で「チャンネルをミュートする」にチェックを入れるか、チャンネル名を右クリックして「チャンネルをミュートする」を選択します。

ダイレクトメッセージも同様に設定できますが、自分に直接届く連絡であると考えると、ミュートの設定は避けるほうが無難です。

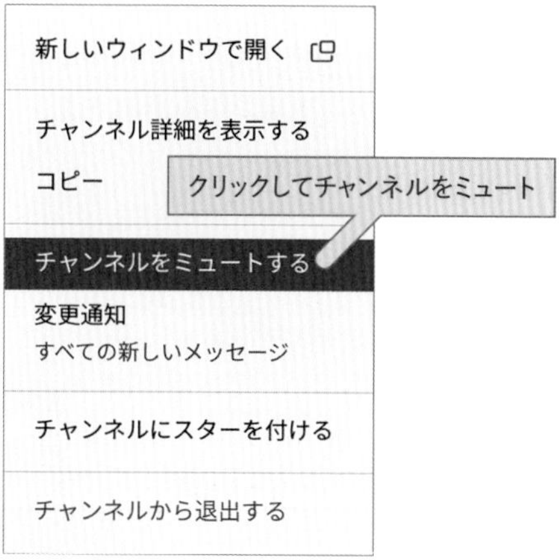

画像3 チャンネル名を右クリックしてミュートする

また、デフォルトと異なる通知設定を適用したチャンネルは、環境設定で一覧として参照できます。

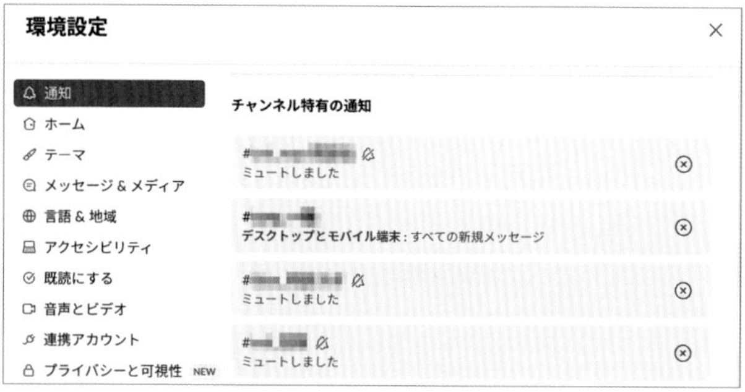

画像4 環境設定の「チャンネル特有の通知」一覧

また、ミュートしたチャンネルで自分宛のメンションが届くと、チャンネル一覧にバッジだけが表示されます。

画像5 ミュートにしたチャンネルの通知バッジ

マイキーワードでメンション以外を通知する

メンションをつけずに自分が言及されている、気づいたら仕事が降ってきている……。基本は見ておく必要はないけれど、自分の名前がチャンネルで出たときには、メンションと同じように通知してもらいたい。

本来であればメンションしてほしいところですが、**マイキーワードを設定して、自動的に情報を集められるよう準備しておきましょう**。

自分についての言及を通知したいときは、環境設定のマイキーワードに自分の名前を設定します。自分の名前に限らず、拾っておきたい話題に関するキーワードを入れておくと、そのキーワードに一致するメッセージが送信された際に通知されます。

ただし、マイキーワードの通知対象は、自分が参加しているチャンネルやDMに限ります。参加していないチャンネルは通知の対象外となるためご注意ください。

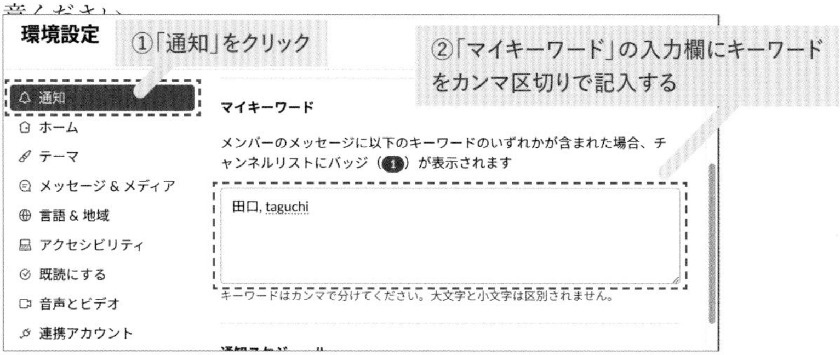

画像6 環境設定でマイキーワードを設定する

Lesson 6

ワークフロービルダーで定型タスクを自動化する

Slackには、定型のタスクを登録して自動化するワークフロー機能があります。指定したスケジュールや、Slack内での操作をきっかけとして、他のWebアプリやサービスを連携させながら、簡単な作業を自動で実行する便利な機能です。

定期的にメンバーに連絡する、フォームで情報を収集する、特定のメンバーをチャンネルやユーザーグループに追加する等、Slackを使った幅広い作業に自動化の余地が生まれるでしょう。

Slackのワークフローは、有料プランのユーザーに開放されている機能です。無料で使える機能ではありませんが、Slackにかかわる操作を自動化したいと考える環境であれば、きっと有料プランを使っているはず……と思い、ワークフロー活用の幅を広げるべくこのレッスンを設けました。

Slackは、コミュニケーションにかかわるWebアプリです。ワークフロー機能も例に漏れず、人がかかわる定型のタスクを自動で実行します。

Webアプリの機能は、仕事における自分の手足の延長線上として使うのが最適。機能の力を借りて、円滑でスムーズなコミュニケーションを目指していきましょう。

Slackワークフローでできること

Slackワークフローに置き換えられる定型タスクは多種多様です。例えば、次のようなタスクをワークフローに落とし込み、手作業を自動化します。

- 経費精算や勤怠などの事務手続きの期日をリマインドする
- 自動送信したメッセージのスレッドに追加でメッセージを送信する
- 特定のチャンネルにメンバーが参加した際に、チャンネルの使い方を通知する
- Slack内で簡単な入力フォームを開き、
記入内容をGoogleスプレッドシートに連携する
- Slackで送信したメッセージに確認ボタンを追加する
- 特定の絵文字リアクションが押されたときに自動でメッセージを送信する

「自分が今やっている作業は、どうやったらSlackワークフローに変換できるだろう？」と考えるのは、実際に自動化を進める前の醍醐味です。手動でテキストをコピー＆ペーストする、特定の依頼があるとスプレッドシートに転記する、チャンネルに誰かが参加するたびに利用方法を説明する、などなど……Slackにかかわる作業を振り返り、自分で手を動かさなくてもできるのでは？ と思えるタスクを探してみてください。

ただ、ワークスペースの設定により、ワークフローの利用が制限されている場合もあります。後述のワークフロービルダーを開けないときは、Slackを管理している方に確認してください。

Slackワークフローを参照する

Slackのワークフローは「その他」メニューにある「自動化」の画面で参照します。最近使ったワークフローや、Slackのワークスペース内で使えるワークフローを一覧で参照する画面です。

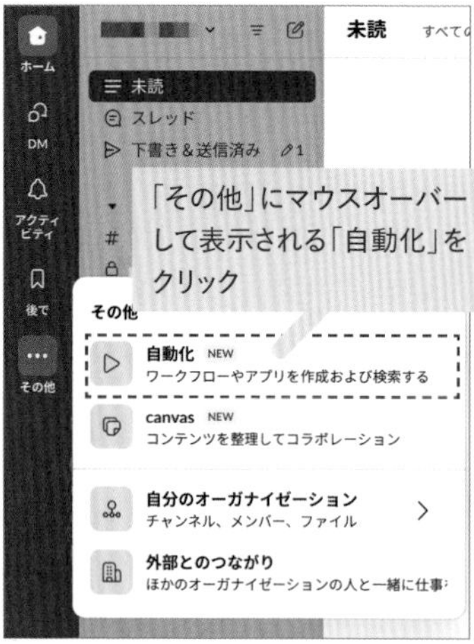

画像1 「その他」メニューから「自動化」を開く

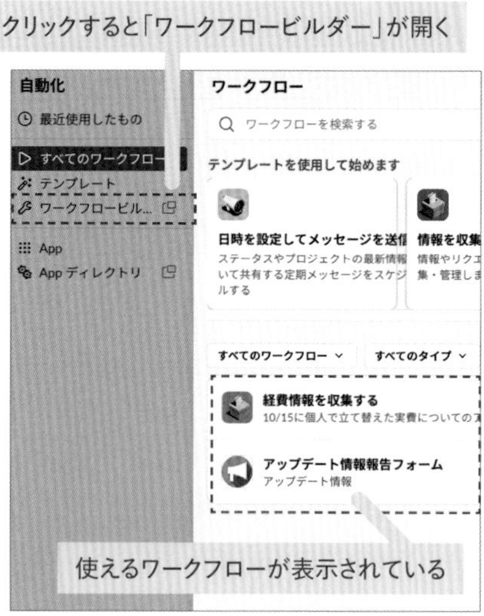

画像2 Slackの「自動化」メニュー

実際に定型タスクを自動化するには、メニュー内にある「ワークフロービルダー」を開きます。ワークフローの作成や編集は、すべてワークフロービルダーで作業を行います。

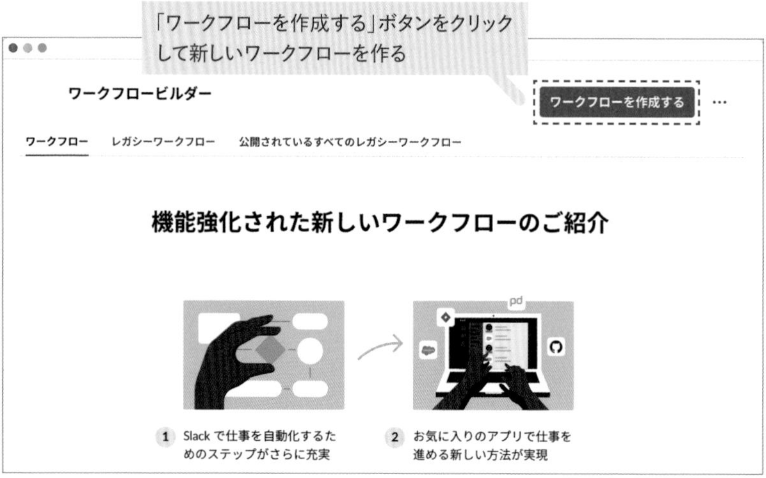

画像3 ワークフロービルダー

ワークフローの作成と実行

Slackのワークフローは、「開始方法の指定」と「ステップの設定」の2つで構成されています。開始方法の指定では、どのタイミングでワークフローが始まるかのトリガーを決めます。指定できる開始方法は次の通りです。

ワークフローの開始方法

- スケジュールに基づいて指定日時で実行
- 任意のタイミングで実行
  (Slack内のリンク・URLまたはスラッシュコマンド)
- 特定のチャンネルで絵文字リアクションが使用されたときに実行
- メンバーが特定のチャンネルに参加したときに実行

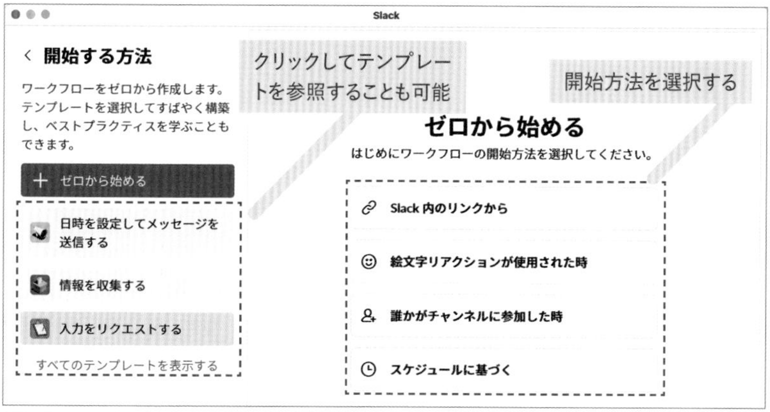

画像4 ワークフローの開始方法を指定する

ワークフロービルダーにはいくつかのテンプレートが用意されているため、自動化したい業務に近いテンプレートを選択してもよいでしょう。

画像5 ワークフローのテンプレートを使用する

画像6 「情報を収集する」テンプレートを修正してワークフローを作成する

各ステップでは、指定の開始方法が実行された後に自動で行われるアクションを設定します。

表 ステップの設定でできること

チャンネル	チャンネルにメンバーを追加する・ トピックを更新する等
フォーム	フォームを開いて情報を収集する
メッセージ	チャンネルにメッセージを送信する・ スレッドで返信する・ボタンを追加する
ユーザー	ユーザーグループにメンバーを追加・削除する
ワークフローのコントロール	ステップを一時停止する
連携済みの各種アプリ	Slackと連携したWebアプリに応じた 機能を実行する

メッセージ送信先はプライベートチャンネルも含め指定できます。ただし、ワークフロービルダーの利用者自身が、指定したいプライベートチャンネルにあらかじめ参加している必要があります。

連携したWebアプリで使えるステップは多種多様ですが、Googleスプレッドシートや Googleカレンダー、Salesforceなどがよく使われている印象です。ふだん手作業で行うタスクで使っているWebアプリがないか探すとよいでしょう。

作成したワークフローは、公開するボタンを押してから使えるようになります。スラッシュコマンドで見つからないときや、指定したトリガーで実行されないときは、公開停止状態になっていないかを確認してください。

画像7 ワークフロービルダーで作成したワークフローを公開する

任意のタイミングで実行するワークフローは、Slack内でワークフローリンクをクリックするか、スラッシュコマンドでワークフローを探して実行します。スラッシュコマンドは、Slackのメッセージ入力欄に「/（スラッシュ）」と入力して表示される各種コマンドです。Slackにインストールされているアプリだけでなく、作成したワークフローもこのスラッシュコマンドで探せます。

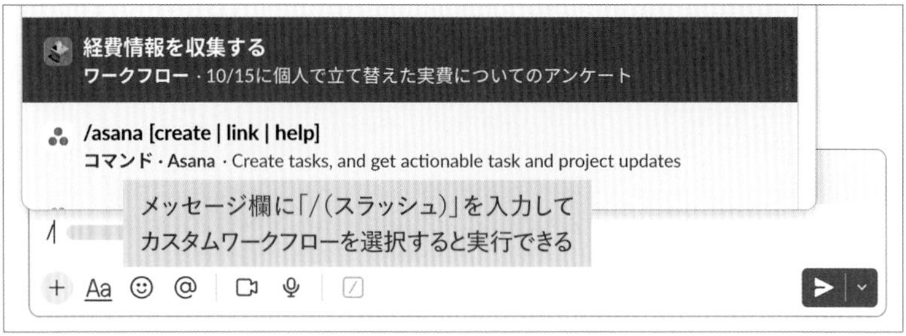

画像8 Slackでスラッシュコマンドを入力してワークフローを表示させる。

ワークフローの権限設定の注意点

各ワークフローには、3つの権限設定があります。自分以外のメンバーにもワークフローを使ってもらいたい・管理やメンテナンスを依頼したいときは、各ワークフローに対して適切な権限を設定しましょう。

特に、Slack内のリンクやスラッシュコマンドで実行してもらいたいワークフローは、「ワークフローを見つけて使用できるメンバー」をすべてのメンバーに設定してください。

- コラボレーター（ワークフローを編集できる管理者）
- このワークフローを見つけて使用できるメンバー
- このワークフローをコピー可能なメンバー

画像9 ワークフローの権限設定画面

COLUMN

Slackのトップページなどに使われている濃い紫色は「オーバージーン」と呼ばれるカラーです。

オーバージーンとは何かといえば、イギリス英語で茄子のこと。確かに言われてみれば茄子の色に見えてきます。

Lesson 7

絵文字リアクションをコミュニケーションに活用する

Slackを含め、チャットツールには「絵文字リアクション」の機能が実装されています。Slackはワークスペースごとにカスタム絵文字を登録できるため、絵文字リアクションだけでも多彩なコミュニケーションが可能です。

絵文字リアクションの一例

- **テキストでの返信が必須でないリアクションを送る**
- **新しいメンバーや取り組みへの歓迎ムードを醸成する**
- **売上などの目標達成を祝福する**
- **「気になる情報なので見ています」の意志を示す**

また、直接言及するほどではないけれど反応を示したいときも、絵文字リアクションを活用します。

業務に直結する内容でない雑談や、担当外の話題を読んで「ちょっと気になるなあ」と感じたとき、メッセージの内容や、自分の感情に沿った絵文字リアクションを送信する。

直接の返信ではないとしても、メッセージに反応があるのは意外と嬉しいものです。気軽なコミュニケーションの手段として、Slackの絵文字リアクションは積極的に活用していきましょう。

最新の投稿にすばやくリアクションをつける

Slackのメッセージに絵文字リアクションを追加するには、追加したい投稿にカーソルを当てた際に表示される絵文字アイコンから選択するのが一般的です。しかし、最新のメッセージに絵文字リアクションを追加したいときは、別の方法もあります。

Slackで「+:任意の絵文字の名前:」と送信すると、送信したSlackチャンネル内の最新のメッセージに絵文字リアクションが追加されます。

画像1 Slackのメッセージ欄から絵文字リアクションを追加する方法

Slackでは、:(コロン)で挟んだ単語が絵文字として登録されていると、自動的に絵文字に変換されます。

ある程度は絵文字の名称を覚える必要がありますが、:(コロン)の後にアルファベット等の文字を入力すると、絵文字の候補が提案されます。

よく使う絵文字の絵文字を覚えておくと、メッセージ送信欄からの絵文字リアクションだけでなく、使いたい絵文字リアクションを検索する際も便利です。

カスタム絵文字を登録する

Slackでは、あらかじめ登録されている絵文字以外に、ワークスペースごとにオリジナルの絵文字を登録できます。ワークスペースは会社ごとに作るため、会社の文化が強く出る部分です。登録したオリジナルの絵文字は「カスタム絵文字」と呼ばれています。

画像はJPGファイルまたはGIFファイルで、256*256サイズの正方形サイズです。透過GIFやアニメーションGIFも登録が可能。登録したカスタム絵文字は、通常の絵文字と同じように利用します。登録数に上限はなく、1,000個以上のカスタム絵文字が登録されているワークスペースもざらにあるようです。

カスタム絵文字としてよく登録されるのは、次のような画像です。

カスタム絵文字の登録パターン

- 簡単な返信（「ありがとう」「承知です」「確認します」など）
- 内容へのリアクション（「なるほど」「便利」「がんばれ」など）
- 役職者などの人名（「田口OK」のように簡単な承認を示すもの）
- 自社サービスのアイコン
- 自社コンテンツのキャラクターのアイコン
- 会社のバリューやミッション

管理者がカスタム絵文字の登録を制限していなければ、Slackのユーザーは自由にカスタム絵文字を登録できます。そのため、何を登録していいのか、また何を登録すべきでないかは、個人の良識と社内の運用ルールに委ねられる形となります。

カスタム絵文字を登録する際は、以下に留意してください。

カスタム絵文字登録時の注意点

- 白背景・黒背景どちらでも見やすい
- 社外メンバーに見られたときに会社の評判やイメージを損なわない
- 著作権や肖像権を侵害しない
- 社内メンバーが嫌になる可能性のあるアイコンは登録しない
（無断で他メンバーの顔写真などを登録する等）

また、Slackには、他社ワークスペースと接続して同じチャンネルを参照する「コネクトチャンネル」の機能があります。接続先の会社にはSlackの絵文字がすべて表示されるわけではありませんが、コネクトチャンネルで使った絵文字は相手も見えるようになります。

登録したカスタム絵文字を誰が使うかコントロールできない以上、やはり見られて困る絵文字は登録しないほうが賢明でしょう。

カスタム絵文字に別の名前を設定する

活用の幅が広いカスタム絵文字ですが、慣れてくると「あの絵文字を使いたいのにすぐ出てこない！」といったジレンマにぶつかります。過去に登録されたカスタム絵文字の命名が日本語だったり、なぜその名前にしたか分からなかったりするのは、小さなストレスでしょう。

ただ、**カスタム絵文字は、同じ絵文字に複数の名前をつけられます**。絵文字の名前と内容が一致しているか疑わしいなら、自分で改めて名前をつけてしまうのがおすすめです。この別名は「エイリアス」と呼ばれています。

Slackワークスペースによっては、カスタム絵文字やエイリアスを登録できないよう設定されています。設定の可否は、お使いのワークスペースの設定をご確認ください。

また、絵文字リアクションは日本語よりもローマ字のほうが見つけやすい傾向にあります。絵文字の名称は半角英数字で設定するのがおすすめです。

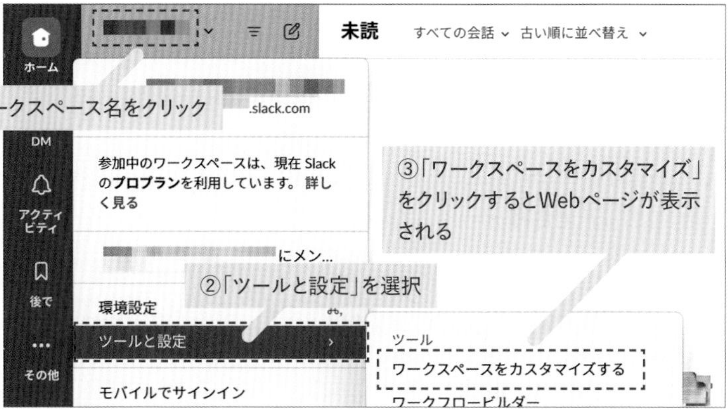

画像2 Slackアプリのサイドバーメニューからカスタマイズに遷移する

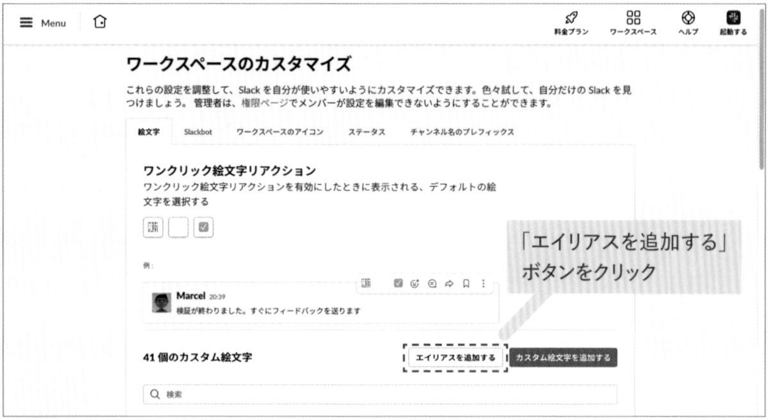
Menu
料金プラン
ワークスペース
ヘルプ
起動する
ワークスペースのカスタマイズ
これらの設定を調整して、Slack を自分が使いやすいようにカスタマイズできます。色々試して、自分だけの Slack を見つけましょう。管理者は、権限ページでメンバーが設定を編集できないようにすることができます。
絵文字
Slackbot
ワークスペースのアイコン
ステータス
チャンネル名のプレフィックス
ワンクリック絵文字リアクション
ワンクリック絵文字リアクションを有効にしたときに表示される、デフォルトの絵文字を選択する
例：
Marcel 20:39
検証が終わりました。すぐにフィードバックを送ります
41 個のカスタム絵文字
エイリアスを追加する
カスタム絵文字を追加する
検索
「エイリアスを追加する」ボタンをクリック

画像3 ワークスペースのカスタマイズ画面（Webページ）

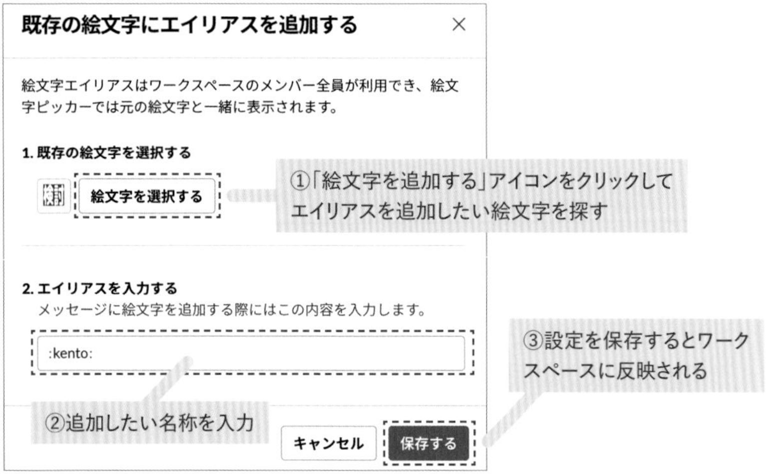
既存の絵文字にエイリアスを追加する
絵文字エイリアスはワークスペースのメンバー全員が利用でき、絵文字ピッカーでは元の絵文字と一緒に表示されます。
1. 既存の絵文字を選択する
絵文字を選択する
①「絵文字を追加する」アイコンをクリックしてエイリアスを追加したい絵文字を探す
2. エイリアスを入力する
メッセージに絵文字を追加する際にはこの内容を入力します。
:kento:
③設定を保存するとワークスペースに反映される
②追加したい名称を入力
キャンセル
保存する

画像4 カスタム絵文字にエイリアスを追加する

よく使う絵文字リアクションをワンクリックでつける

　絵文字リアクションを使い始めると、よく使う絵文字とそうでない絵文字があると気付きます。デフォルトの絵文字、カスタム絵文字の分類にかかわ

らず、頻繁に使う絵文字はせいぜい10個でしょう。

その中でも特によく使う絵文字は、ワンクリックで絵文字リアクションをつけられるよう設定できます。メッセージにマウスオーバーすると絵文字リアクション候補が3つ表示されますが、これらの候補は自由に変更できます。

画像5 メッセージにマウスオーバーして、ワンクリックで絵文字リアクションを送信する

設定自体は、Slack内の環境設定から行います。「メッセージにワンクリック絵文字リアクションを表示する」のチェックをオンに設定して、自分がよく使う絵文字を自動選択するか、カスタムで絵文字を選択しましょう。

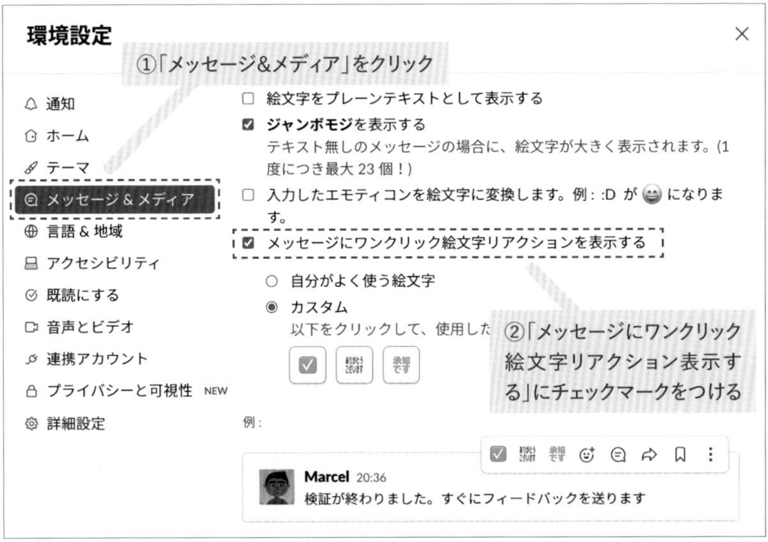

画像6 環境設定で絵文字リアクションをカスタムする

絵文字リアクションがもつ情緒を考える

Slackの絵文字リアクションは、ただ手軽なだけでなく、**想像以上に深くコミュニケーションにプラスに働きかけます**。文章でのコミュニケーションはともすれば無味乾燥になりがちな中、情緒のある交流手段です。スマートフォンのメッセージアプリで使う絵文字の域を超えた、多彩なコミュニケーション手段と言えます。

ただ、Slackで送信するメッセージの本文に絵文字をむやみに多用するのは、必ずしも推奨される行為ではありません。会社の文化やチームの雰囲気、またメッセージの内容によっては、伝えるべき内容が伝わらないリスクがあります。

送信するメッセージはシンプルで淡々としている。でも、多様な絵文字リアクションを頻繁にくれる。そんなメンバーは確かにいます。そういうメンバーがいると、チームの垣根を越えて「見てくれている」「気にかけてもらっている」と思えてチーム感は増し、組織の雰囲気もよくなっていく。SNSのような「いいね！」だけが、リアクションのすべてではありません。

もちろん、単純な業務連絡に対して、情緒あふれる絵文字リアクションを無理やり送る必要はありません。しかし、小さな喜びや悲しみ、マイナス感情の発露や、エモーショナルな想いの込もったメッセージに対して、多彩な絵文字リアクションによる反応を示すのは、むしろ推奨してもいいくらいです。

直接返信しなくとも、情緒のある人間的なコミュニケーションとなるでしょう。

また、絵文字リアクションは、リモートワークとテキストコミュニケーションの合間を埋められる可能性を持っています。

リモートワークでは「人がいない」「一緒に仕事していない」感覚がメンタルを蝕んでいくとも言われますが、仕組みを使って「人がいる」「一緒に仕事をしている」場を醸成するのは不可能ではないはずです。

ちょっとしたリアクションは、対面での相槌にも似ています。ふとした気づきやチームに有益になりそうな参考情報をシェアした際に、「なるほど」や「ありがとう」、拍手の絵文字のようなリアクションがあると、やはり嬉しさがあります。

Slackでは、メッセージ・絵文字リアクションともに、送信相手やチームメンバーに見られても困らない内容を送りましょう。前提となる信頼関係があってこそのコミュニケーションです。

チャットでのテキストコミュニケーションは、必要な内容をシンプルに。絵文字リアクションは、想像力を働かせて多彩に。

テキストで伝えるもの、テキスト以外で伝えるものを切り分けられたなら、Slackでのコミュニケーションを通じて、より楽しく仕事を進められるはずです。

第6章まとめ

- Slackはテキストの投稿をメインとするコミュニケーションアプリ
- 単なるチャットツールにとどまらず、多くの機能を備えている
- メッセージの送信予約は、心理的な負担を下げられる優秀な機能
- Slackを活用すればするほど多くの情報が飛び交うため、通知設定の変更やミュートも活用する

- Slackにはテキスト以外のコミュニケーション手段がある
- 音声録音・ビデオ録画・PC画面の録画を使って、テキストで伝えにくい内容も非同期で共有できる
- カスタム絵文字を登録して、多彩な絵文字リアクションを手軽に送信できる
- 遠方にいても情緒のあるコミュニケーションが実現可能

- Slackはタスク管理やリマインドのアプリとしても優秀
- メッセージの一次保存、タスク管理やリマインド、定型タスクの自動化、動画や音声の書き起こしにも対応
- ワークフロービルダーに定型タスクを任せて単純作業を減らす
- 自分の手足の延長線としてSlackを活用するのがポイント

おわりに

最後までお読みいただき、ありがとうございました。

本書では、そもそもWebアプリって何？ という問いから始まり、具体的な利用シーンにおけるアプリの活用方法をぎゅっと詰め込んでお伝えしました。

日々の仕事における、小さくて具体的な工夫を積み重ねていくためのヒントをお渡しできたなら嬉しいです。

Webアプリはとても便利です。AIはもちろん、今後現れるであろうまだ見ぬ技術により、その利便性は一層増していくでしょう。しかし、これらのアプリは「便利な道具」であり、どんな使い方をするかは私たち次第であることに変わりはありません。

興味と好奇心を持って新しい道具を試し、日々の仕事に小さな工夫を加えていく。その結果として仕事の効率化が実現している。そんな流れを自然に楽しめるのが、もっとも理想的なWebアプリの活用方法です。

最後になりますが、株式会社日経BPの進藤さん、株式会社デジカルの香月さん・森貝さんならびにIsshikiデザインチーム担当者のみなさん、本書のお話をつないでくださった岡野純さん、執筆当初から相談を快く受けてくださったうさぼうさん、そして各Webアプリの活用事例を教えてくださった方々に、この場を借りてお礼を申し上げます。

本書を読んでWebアプリの活用に一歩踏み出したあなたの仕事が、より充実したものになることを願っています。

2023年11月　田口 悠

田口 悠

10年勤めた情報システム部門の正社員から転身し、現在は3つの会社で総務や経理などのバックオフィス業務を担当するパラレルワーカー。日常業務の効率アップを目指し、チームで使うITツールやWebアプリの導入検討、利用者向けのマニュアル整備、各社に合わせた設定の調整、運用中のサポートなどを担当中。また、個人での発信や創作活動、趣味、日々の暮らしでも同様のアプリを複数活用し、タスクやプロジェクトの管理に役立てている。

ブログ ▸ https://ha-labo.net/

仕事の速い人がこっそり使っている
最強のWebアプリ活用術

2023年12月25日　第1版第1刷発行

著　者　田口 悠
発行者　中川ヒロミ
編　集　進藤 寛
発　行　株式会社日経BP
発　売　株式会社日経BPマーケティング
〒105-8308 東京都港区虎ノ門4-3-12

装　丁　山之口 正和（OKIKATA）
本文デザイン　原 真一朗（Isshiki）
編集・制作　森貝 聡恵（Isshiki）
編集・執筆協力　うさぼう
印刷・製本　図書印刷株式会社

ISBN978-4-296-07080-0